Aspectos Generales de la Seguridad y Salud Ocupacional

Juan José Torres Haro.

DEDICATORIA

A dios, únicamente de él es la Gloria.

AGRADECIMIENTO

Principalmente a Dios, a mis padres, hermanos, amigos, a mi linda orejoncita y a mi abuelito Paito que me ve desde el cielo.

ÍNDICE

Contenido

PROLOGO

Presentar la obra "Aspectos Generales de la Seguridad y Salud Ocupacional" representa para mí una emoción muy grande como también un logro personal, era algo que tenía en mente realizarla hace mucho tiempo y hoy estoy completamente satisfecho de haberlo logrado.

Es de especial importancia para todos los estudiantes nuevos que ingresan a la universidad a estudiar la carrera de seguridad y salud ocupacional, aquí encontraran términos y aspectos básicos que les será de muchísima ayuda durante los primeros años de estudio en esta etapa de formación académica.

INTRODUCCIÓN

Durante toda la historia de la humanidad, la salud siempre ha sido considerada en todas las culturas como un valor invaluable que no tiene precio alguno y que ha sido relacionada con la felicidad de cada individuo, por lo tanto es imprescindible su cuidado.

En la actualidad la salud ya no solo es un estado completo de bienestar físico o mental y social, sino también un derecho universal exigible para todas las personas.

La salud no solo comprende la ausencia de enfermedad o la alteración de la salud sino que es el estado completo de bienestar físico, mental y social, tal como lo define la OMS (Organización Mundial de la Salud), y que se puede emplear para la definición de calidad de vida actual.

La seguridad e higiene industrial agregan un alto valor para la sociedad, a las empresas pero no solo a un lugar de trabajo específico, sino mucho más importante a la vida de los trabajadores, al incremento del autoestima de los mismos, al aumento en la productividad dentro de la empresa, a la mejora continua, permite garantizar una calidad empresarial y desarrolla un medio ambiente de trabajo sano.

La elaboración de la ley de prevención de riesgos laborales y de las transformaciones que en el tiempo se han dado han llevado a muchos cambios con carácter positivo dentro del campo de la seguridad y salud laboral en todas las empresas, incluyendo obligaciones y responsabilidades tanto para el empresario como para el trabajador que promueven el desarrollo de la actividad preventiva.

En el artículo 410 del Código Laboral ecuatoriano se establecen Obligaciones respecto de la prevención de riesgos, donde "Los empleadores están obligados a asegurar a sus empleados condiciones de trabajo que no presenten peligros para su salud o daños a la vida. Los trabajadores están obligados a acatar las medidas de prevención, seguridad e higiene determinadas en los reglamentos y facilitadas por el empleador. Su omisión constituye justa causa para la terminación del contrato de trabajo."

HISTORIA DE LA SEGURIDAD Y SALUD OCUPACIONAL

El Código Hammurabi 2.000 a.C.- Para resumir el acontecimiento del inicio de la seguridad industrial hasta lo que ha llegado a ser en nuestra actualidad, es necesario mencionar la importancia que tuvo el Código Hammurabi para la elaboración de normas y reglamentos de seguridad y salud industrial, en el cual la obligación de un constructor era que todas las edificaciones se realicen con toda la seguridad del caso, la mala práctica y la omisión de estas normas por parte de los constructores era duramente castigadas por la Ley del Talión, así se trataba de impedir la ocurrencia de accidentes y la muerte de personas durante el derrumbe de las edificaciones.

En el imperio Romano se desarrollaron construcciones como carreteras, puentes, acueductos, templos, coliseos, teatros, etc., así como también se originó el precedente para los reglamentos técnicos sanitarios, con la creación de leyes para impedir la adulteración de alimentos y bebidas.

La revolución industrial ocasiono grandes cambios tecnológicos e industriales en todo el mundo y como resultado de ello el aumento de accidentes laborales que muchas veces causaban la muerte de los trabajadores, debido a ello con el tiempo se implementaron diversas condiciones adecuadas de seguridad que debían obligatoriamente cumplir todas las industrias para evitar estas consecuencias ocasionadas por el crecimiento industrial.

Los primeros países que intervinieron en la elaboración de normas para favorecer la seguridad industrial y garantizar el bienestar de los trabajadores fueron Estados Unidos, Alemania y países del Reino Unido, normativas que más adelante fueron implementadas en otros países, las cuales han sido modificadas y revisadas constantemente dando como resultado los actuales Reglamentos de Seguridad Industrial.

El desarrollo de la seguridad industrial tiene tres fases:

1. **Primera fase:** La fase productiva implicaban mas procesos y estos debían asegurar la rentabilidad. Aplicada por países de temprana industrialización, la incorporación de ciertos países en una etapa posterior, quienes tuvieron que asimilar la tecnología y convertirla en un tema productivo para mejorar sus finanzas.

2. **Segunda fase:** Enfocada hacia la fabricación de procesos industriales y de seguridad con el uso de productos o servicios. Aparece el concepto de seguridad con conceptos imprescindibles.

3. **Tercera fase:** Posterior a la segunda guerra mundial comienza la industrialización del mundo entero, donde lo más importante es la producción en masa y se establecen técnicas como la garantía de la calidad. La calidad estaba asociada a industrias que luego de la segunda guerra mundial toman importancia como la industria nuclear y la aeronáutica.

Debido a la creación de nuevas industrias, fabricas y tecnologías en la época de la revolución industrial en el continente europeo se establecieron destacados avances en áreas de ingeniería, producción y automatización de procesos dentro de las industrias, pero al mismo tiempo provocaron más accidentes provenientes de los nuevos procesos, la introducción de nuevas tecnologías y de nuevas y más grandes maquinas trajeron muchos más, y nuevos riesgos para los trabajadores.

Dentro de los métodos de producción empleados en las crecientes industrias tenemos la aplicación de las teorías del Fordismo (1908) y Taylorismo (1911), fue Henry Ford quien introdujo el modelo de producción en cadena en Estados Unidos, lo que pretendía este método de producción era la especialización de cada trabajador, la filosofía se basaba principalmente en masificar los productos para ponerlos al alcance de masas y no de un grupo o elite.

Frederick Taylor, con su sistema de organización en el trabajo llamado Taylorismo basado en la división de procesos tuvo como objetivo eliminar los movimientos de los obreros por la fábrica y de esta manera disminuir los tiempos muertos dentro de la producción. El taylorismo fue la metodología que permitió el pago al trabajador conocida como "bonos de productividad" que conocemos como horas extras.

Aparte del Fordismo y el Taylorismo, surgió otra teoría llamada el Toyotismo, creada en Japón a raíz de la crisis petrolera de 1973, las características de esta teoría era la flexibilidad, la organización de trabajo y de la gestión, el trabajo en equipo; lo que favoreció a un mejor ambiente de trabajo que disminuía la carga laboral del obrero aplicando el sistema de pedidos para reducir los costos de almacenamiento y suministro, disminución de errores, mejora en la calidad, etc.

América del Norte.- Antes del siglo XIX las principales actividades económicas en los Estados Unidos era la agricultura y la ganadería, actividades que provocaban una gran cantidad de accidentes pero no existía ningún sistema de registro de los mismos.

A mediados del siglo XIX la actividad económica había cambiado, los accidentes laborales se habían incrementado debido a un violento y alarmante crecimiento industrial en Norte América. Por ello se inician los inspectores industriales, se dicta la primera ley para resguardar la maquinaria peligrosa, se organizo el primer Congreso de Seguridad Cooperativa y se efectuó el congreso donde nace formalmente la National Council For Industrial Safety y que actualmente se lo conoce a nivel mundial como National Safety Council.

Actualmente Estados unidos, es uno de los países con altos índices de seguridad industrial, posee organismos gubernamentales y no gubernamentales que se encargan de la vigilancia y cumplimiento de estas normas, los siguientes son algunos de los organismos de control en materia de higiene y seguridad industrial:

1. Occupational Safety and Health Administration "OSHA"
2. The National Institute for Occupational Safety and Health "NIOSH"
3. American Conference of Industrial Hygienists "ACGIH"
4. American Industrial Hygiene Association "AIHA"

La Ley de seguridad e higiene ocupacional busca principalmente el aseguramiento de trabajos seguros y saludables. Esta ley es el documento más importante que se ha emitido a favor de la seguridad e higiene y que han sido tomados por muchos otros países.

España.- El Instituto de Seguridad e Higiene en el Trabajo de España es el autor de las normas técnicas de prevención NTP, dicho organismo tiene una gran cantidad de normativas en temas de seguridad y salud en el trabajo que son de aplicación internacional.

Inglaterra.- Uno de los países con la más baja aplicación en Europa con respecto a seguridad industrial y salud ocupacional fue Inglaterra en el año 1844, cuando Engels descubrió en una fábrica en Manchester donde las maquinas tenían una potencia muy elevada y los peligros que generaban eran visibles para todos, menos para los empresarios. En esta nación se empleaban familias enteras para aumentar la producción en la industrias donde no era sorpresa que los niños tengan accidentes laborales.

Japón.- El Art. 19 de la Ley Laboral prohíbe en Japón que un trabajador sea despedido debido a un accidente o una enfermedad durante la cesación temporal y los treinta días posteriores.

Igualmente es obligatorio que los nuevos empleados tengan una previa formación y entrenamiento básico en seguridad y salud industrial, se les realiza exámenes médicos para confirmar el estado de salud antes de ingresar a trabajar y se toman otras medidas preventivas que impidan posibles daños a su salud e integridad física.

Corea.- A partir de 1990 Corea del sur dejó de ser una nación económicamente sencilla y pasó a ser una sociedad industrial con gran apertura a la revolución de las tecnologías de la información, actualmente la seguridad y salud laboral está cada día en mejor nivel.

En Asia la explotación laboral causa muchos accidentes laborales por la alta demanda de producción, por la malas condiciones laborales y por la desobediencia a las normas de seguridad, un ejemplo claro es la fabrica de la marca deportiva Nike, la cual tuvo que pagar más de un millón de dólares en una demanda por explotación infantil.

Latinoamérica.- En los países latinoamericanos se han hecho evidentes dos tendencias principales: un avance hacia la desregulación y la simplificación de los procedimientos relativos a permisos, licencias, honorarios, impuestos e informes; y en segundo lugar, un refuerzo de los poderes otorgados a los organismos reguladores, que dan lugar a normativas más específicas sobre medio ambiente, salud y seguridad.

Durante las últimas décadas tanto la seguridad como las medidas preventivas han ido mejorando, se ha implementado un mayor control con tal de proteger la salud de los trabajadores y de reducir al mínimo los accidentes laborales, se ha introducido servicios destinados a la atención medica en los sitios de trabajo y de la formación para el personal, se han desarrollado variedad de leyes y normas para la mejora laboral.

Uno de los enfoques de la Organización Internacional del Trabajo (OIT) es la protección del trabajador contra enfermedades o accidentes como consecuencia de su trabajo.

Argentina fue uno de los primeros países en Latinoamérica en aplicar normas de salud industrial pero lamentablemente las mismas no son acatadas por todos los empleados públicos y privados.

En Ecuador la seguridad industrial comienza a partir del Derecho Laboral Ecuatoriano, desde ahí se justifica todas de leyes y normas en materia de prevención de riesgos laborales que existen en la actualidad.

En 1916 el Presidente Baquerizo Moreno introduce una ley que dice que "todo trabajador no está obligado a trabajar más de 8 horas diarias, 6 días por semana quedando exento de trabajar los días domingo y fiestas legales".

En 1921 por el Presidente Tamayo se establece la indemnización por accidente de trabajo cuyo reglamento se expide en 1922 en el cual se introduce la "equivalencia entre accidente de trabajo y enfermedad profesional" y además regula las indemnizaciones en los casos de incapacidad total, parcial o por la muerte de un trabajador.

En 1926 se publica el Reglamento para la Inspección de Trabajo para poder asegurar la aplicación de las leyes y decretos que se refieren a las condiciones de trabajo y a la protección de los trabajadores.

En 1927 La Ley de Prevención de Accidentes exige a los dueños de empresa el asegurar a los trabajadores condiciones de trabajo seguro y que dentro del trabajo no exista peligro alguno para su integridad.

En 1938 se hace legal el Código de Trabajo donde incluyen disposiciones sobre Los Riesgos de Trabajo y conceptualiza jurídicamente el accidente laboral y la enfermedad profesional.

TERMINOLOGIA BASICA

Salud.- Estado completo de bienestar físico, mental y social, la ausencia de afecciones y enfermedades, según la definición de la Organización Mundial de la Salud.

El concepto de salud es todo lo contrario al concepto que se refiere a enfermedad, puesto que una enfermedad puede conllevar una alteración fisiológica, mental o psicosocial de un ser humano.

Puede definirse como el nivel de eficacia funcional o metabólica de un micro o macro organismo.

A partir de 1992 por parte de la Organización Mundial de la Salud se tomo en cuanta al medio ambiente dentro del concepto de salud, es decir que es un estado completo de bienestar, la ausencia de afecciones y el equilibrio que existe entre el ser vivo con el equilibrio medio ambiental.

"La salud se mide por el impacto que una persona puede recibir sin comprender su sistema de vida. Así, el sistema de vida se convierte en criterio de salud. Una persona sana es aquella que puede vivir sus sueños no confesados plenamente". Moshé Feldenkrais.

La salud mental es la ausencia de cualquier tipo de enfermedad del tipo mental, es el bienestar emocional y psicológico del individuo; hoy en día los psicólogos siguen analizando las complejas funciones que existen dentro de la mente, el impacto que las experiencias vividas; los factores sociales y laborales, tienen relación directa en el comportamiento y en la salud mental de las personas.

Prevención.- Es la acción que permite trabajar directamente sobre los factores de riesgo laboral para que estos no se lleguen a materializar mediante técnicas de análisis, evaluación, gestión del riesgo y aplicación de medidas preventivas, reduciendo la probabilidad de ocurrencia de accidentes, enfermedades y daños directos a la salud de los trabajadores, del medio ambiente, del factor organizacional.

Prevención es el conjunto de medidas implementadas en todos los procesos de la actividad laboral y tiene la finalidad de evitar si es posible o disminuir el riesgo.

Comportamiento humano y personalidad.- La personalidad es el estilo propio, no imitable e irrepetible tanto del pensamiento, de las emociones que diferencia y determina el modo de actuar de una persona frente a otra.

"Las emociones son un aspecto de la mente difícil de definir. Se considera una característica humana innata y universal, cuya función es ayudarnos a comunicarnos y expresar externamente nuestro estado psicológico interior. Para muchas personas, las emociones forman parte de la esencia humana, la vida seria insulsa y desabrida si no pudiera percibirse a través del colorido de las emocione". Gran Colección de la Salud.

Trabajo.- Se le llama trabajo al conjunto de actividades humanas de carácter físico o mental, remuneradas o no, que produzcan bienes o servicios y que permiten al trabajador satisfacer sus necesidades de sustento individual, familiar dentro de una comunidad y que fomentan al desarrollo personal.

Incluso antes de Cristo ya existían actividades un poco primitivas relacionadas con el trabajo y hasta la era moderna, la esclavitud era una de las más comunes formas de trabajo.

A partir del siglo XVIII, posterior a la revolución francesa se hicieron cambios importantes en cuanto a mejoras laborales, donde ya se consideraba asuntos como la igualdad y libertad de los trabajadores.

Desde el primer cuarto del siglo XX el Estado optimizó notablemente el sistema de salud, educación y previsión social, donde los empresarios debían otorgar a sus empleados una mejoría laboral, menos horas de trabajo, vacaciones pagadas, adecuada ropa de trabajo y herramientas en buen estado para su realización; lo cual permitió profundizar en los derechos laborales, teniendo como principal beneficiado el trabajador.

Con la conformación de las Naciones Unidas y de los derechos humanos (1945) se abolió toda forma de esclavitud y servidumbre que en la actualidad ya no existen; aunque aun es notable trabajos con explotación laboral a los trabajadores, especialmente a los niños y mujeres de bajos recursos económicos, quienes cumplen sus labores en condiciones precarias que tarde o temprano pueden afectar su salud.

Condiciones de trabajo.- Todo trabajo está sujeto a diferentes actividades, formas de producción, ambientes laborales, remuneración económica, horario de trabajo, normas, políticas, reglamentos entre otras que dan lugar a las condiciones de trabajo independientemente si sean adecuadas o no.

Unas condiciones de trabajo seguras, óptimas y adecuadas propician un buen estado de salud para los trabajadores, mejora en el rendimiento como también en los índices de productividad, reducción de accidentes y de enfermedades, crecimiento organizacional y económico.

Puesto de trabajo.- Principalmente se puede decir que es el espacio físico donde un empleado realiza sus actividades laborales diarias para las cuales fue contratado, aunque existen trabajos y profesiones que no requieren de un puesto determinado de trabajo como ejemplo podemos mencionar un policía, un paramédico, etc, en tal caso el puesto de trabajo también hace referencia a la actividad en si misma.

Proceso de trabajo.- Es el conjunto de actividades interrelacionadas que transforman entradas en salidas o en su caso es el proceso en el cual la materia prima es transformada en un producto final.

Higiene Industrial.- Es la ciencia que permite identificar, evaluar y controlar los factores ambientales derivados del trabajo y que tienen la posibilidad de causar enfermedades y deterioros de la salud de los trabajadores.

La higiene industrial es un conjunto de conocimientos, técnicas, normas y procedimientos que pretenden preservar la integridad física y mental del trabajador.

Está relacionada con el diagnóstico y la prevención de enfermedades ocupacionales a partir del estudio de la relación que tiene el trabajador y su medio ambiente de trabajo.

La seguridad industrial, así como la seguridad ocupacional y la prevención en conjunto buscan siempre reconocer los agentes del medio laboral que puedan causar enfermedades en los empleados, conocer el nivel de riesgo de cada agente presente, eliminar las causas de las enfermedades profesionales, minimizar los efectos negativos de los riesgos, mantener en buen estado la salud de los trabajadores, mejorar la productividad mediante las técnicas de control y de la adecuada gestión y compromiso de la gerencia, proponer medidas de control y brindar capacitación a los trabajadores.

Seguridad ocupacional.- Conjunto de técnicas y procedimientos que tienen por objeto la aplicación de medidas, la prevención y disminución de los riesgos derivados del trabajo, de accidentes, enfermedades y de la mejora en las condiciones de trabajo, de bienestar de los trabajadores.

La Organización Mundial de la Salud (OMS) define a la Salud Ocupacional como una actividad multidisciplinaria que promueve y protege la salud de los trabajadores. Esta disciplina busca controlar los accidentes y enfermedades mediante la reducción de las condiciones de riesgo.

La organización Internacional del Trabajo (OIT).- Es el principal organismo internacional encargado de la mejora de las condiciones de trabajo mediante convenios internacionales destinados a promover el trabajo decente en el mundo entero.

Medicina del trabajo.- " La Medicina del Trabajo busca promover y mantener el más alto nivel de bienestar físico, mental y social de los trabajadores en todas las profesiones, prevenir todo daño causado a la salud de los trabajadores por las condiciones de su trabajo, protegerlos en su empleo contra riesgos resultantes de la presencia de agentes perjudiciales a la salud; colocar y mantener al trabajador en un empleo conveniente a sus aptitudes fisiológicas y psicológicas, en suma adaptar el trabajo al hombre y cada hombre a su tarea " (OIT – OMS). Mediante los principales programas: Examen de pre–empleo, Análisis y Clasificación de ambiente, Exámenes médicos periódicos

Peligro.- Característica o condición física de un sistema, proceso, equipo, elemento, con potencial de daño a las personas, instalaciones o medio ambiente o una combinación de estos. Situación que tiene un riesgo de convertirse en causa de accidente.

Riesgo.- Se denomina a los aspectos de trabajo que pueden causar un daño a las personas, a las instalaciones o al medio ambiente.

Es la combinación entre la probabilidad de ocurrencia y las consecuencias de un evento identificado como peligroso. Es la posibilidad de que ocurran: accidentes, enfermedades ocupacionales, daños materiales, incremento de enfermedades comunes, insatisfacción e inadaptación, daños a terceros y a la comunidad, daños al medio ambiente y que pueden provocar pérdidas económicas.

Mediante la prevención se busca la mejora en la seguridad y salud de los trabajadores mediante metodologías de identificación, evaluación y el correcto control de los peligros y la adecuada gestión del riesgo.

Según la Ley de prevención de riesgos laborales de España, la protección del trabajador frente a los riesgos laborales exige una actuación en la empresa que desborda el mero cumplimiento formal de un conjunto terminado, más o menos, de deberes y obligaciones empresariales y, más aún, la simple corrección a posteriores situaciones de riesgo ya manifestadas. La planificación de la prevención desde el momento mismo del diseño del proyecto empresarial, la inicial evaluación de los riesgos laborales y su actuación periódica a medida que se alteren las circunstancias, la ordenación de un conjunto coherente y globalizador de medidas de acción preventiva adecuadas a la naturaleza de los riesgos detectados y el control de la efectividad de dichas medidas constituyen los elementos básicos del nuevo enfoque en la prevención de riesgos laborales. Y, junto a ello, se completa con la información y la formación de los trabajadores dirigidas a un mejor conocimiento tanto del alcance real de los riesgos derivados del trabajo como de la forma de prevenirlos y evitarlos, de manera adaptada a las peculiaridades de cada centro de trabajo, a las características de las personas que en él desarrollan su prestación laboral y a la actividad concreta que realizan.

Factores de riesgo.- Es todo objeto, sustancia, fuente de energía o alguna característica de la organización del trabajo que puede dar como resultado a un accidente de trabajo o provocar a largo plazo daños a la salud de los trabajadores.

- **Materiales:** Instalaciones, equipos, herramientas, productos y sustancias.
- **Ambientales:** Entorno físico medio ambiente (agentes físicos y químicos).
- **Organizativos:** Métodos y procedimientos de trabajo, organización de trabajo.
- **Humanos:** Comportamiento (aptitud y actitud), fatiga, carga mental, ambiente psicosocial.

Análisis de riesgos.- Manejo sistemático de la información disponible para identificar los peligros y riesgos a los cuales están expucstos los trabajadores.

Evaluación de riesgos.- Proceso mediante el cual se obtiene la información necesaria para que la organización esté en condiciones de tomar una decisión apropiada, sobre la oportunidad de adoptar medidas preventivas y en tal caso sobre el tipo de acciones que deben adoptarse.

Lesión.- Es la perdida de la integridad física, emocional o mental del individuo.

Daños derivados del trabajo.- Se definen como las lesiones o patologías sufridas con motivo y ocasión del trabajo.

Para evitar que un determinado riesgo se traduzca en un daño al trabajador se utiliza medidas técnicas en todas las fases de la actividad de la empresa, que se engloban dentro del concepto de prevención.

Incapacidad.- Se define como la imposibilidad de realizar un trabajo o la pérdida de éste atribuida a algún problema médico de las cuales se pueden dividir de acuerdo al grado de afectación de la persona:

- Incapacidad temporal
- Incapacidad permanente parcial
- Incapacidad permanente total,
- Incapacidad permanente absoluta

Incidente de trabajo.- Es todo acontecimiento no deseado que se da en circunstancias no deseadas que bajo circunstancias ligeramente diferentes, podría haber resultado en lesiones a las personas o daño a la propiedad.

Es un evento que puede dar como resultado un accidente o tiene el potencial para ocasionarlo.

Accidente de trabajo.- Es cualquier suceso repentino no deseado de carácter traumático por causa o con ocasión del trabajo que produce en el trabajador una lesión, una daño, invalidez o incluso la muerte del afectado.

Es todo suceso anormal, que se presenta de manera violenta, brusca e inesperada y que puede ser evitable, pero que sus consecuencias interrumpen la continuidad del trabajo, puede causar lesiones a las personas, al medio ambiente y a las instalaciones e incluso la muerte del afectado.

Se produce en el lugar de trabajo o fuera de él con ocasión o como consecuencia del mismo.

Ocurre en la ejecución de órdenes del empleador, por comisión de servicio (fuera del lugar de trabajo) o por la acción de terceras personas (empleador, otro trabajador) durante la ejecución del trabajo.

No se considera como accidentes de trabajo el que se produzca por la ejecución de actividades diferentes para las que fue contratado el trabajador, tales como labores recreativas, deportivas o culturales; así se produzcan durante la jornada laboral. Y el sufrido por el trabajador fuera de la empresa durante los permisos remunerados o sin remuneración.

Enfermedad profesional.- Es aquella contraída como consecuencia del trabajo ejecutado por cuenta ajena.

Es todo estado patológico permanente o temporal, que surge como consecuencia de la clase de trabajo que se desempeña y/o del medio en que la persona se ve obligada a trabajar.

Se considera como agentes específicos que entrañan el riesgo de enfermedad profesional los siguientes: Agentes físicos, agentes químicos, agentes biológicos, agentes psicológicos.

Ergonomía.- Se encarga del estudio de las condiciones físicas que rodean al ser humano y que influyen en su desempeño al realizar diversas actividades, tales como el ambiente térmico, nivel de ruido, nivel de iluminación y vibraciones. La aplicación de los conocimientos de este tipo de ergonomía ayuda al diseño y evaluación de puestos y estaciones de trabajo, con el fin de incrementar el desempeño, seguridad y confort de quienes laboran en ellos.

RIESGOS MECÁNICOS

Se define como riesgo mecánico al conjunto de factores que pueden dar lugar a una lesión por la acción de: trabajos en altura, trabajos en espacios confinados, trabajos en caliente, maquinaria desprotegida, manejo de herramientas cortantes o punzantes, espacio físico reducido, transporte mecánico de cargas, uso de montacargas, piso irregular resbaladizo, obstáculos en el piso, desorden en el lugar de trabajo, circulación de maquinaria y vehículos en áreas de trabajo, desplazamiento de transporte ya se terrestre, aéreo, acuático, trabajo a distinto nivel, caída de objetos por derrumbamiento o desprendimiento, caída de objetos en manipulación, proyección de sólidos o líquidos, superficies o materiales calientes.

Trabajos en altura.- Se define a cualquier trabajo que sea desarrollado por sobre el 1.80 m de altura del nivel del suelo o la superficie de trabajo. Para que se realice un trabajo en altura siempre será necesario un permiso de trabajo obligatorio.

Trabajos en caliente.- Es cualquier proceso de trabajo donde la actividad, los equipos, herramientas o la maquinaria que te utiliza es capaz de generan una fuente de energía necesaria (calor, chispa, llama, fricción, superficie caliente, etc.) necesaria para que se produzca la ignición de mezclas de gases, vapores, polvos combustibles e inflamables con la posibilidad de producir el riesgo de incendio, explosión, vapores tóxicos, quemaduras, etc.

Ejemplos de actividades de trabajo en caliente tenemos los siguientes:

27

- Soldadura eléctrica, autógena, con plomo y estaño.
- Cortes con soplete remachado en caliente, esmerilado, amolado.
- Limpieza de metales con arena a presión.
- Uso de herramientas cortadoras accionadas neumática o hidráulicamente.
- Motores de combustión interna.
- Equipos alimentados por baterías.
- Trabajos en equipo eléctrico que pueda producir chispas o arcos eléctricos.
- Uso de equipos eléctricos que no son aptos para áreas clasificadas, incluyendo herramientas portátiles.

Antes de comenzar cualquier operación que conlleve trabajos en caliente es necesaria una autorización previa por parte del supervisor encargado de la seguridad mediante una orden de permiso de trabajo de alto riesgo.

Antes, durante y después del trabajo en caliente se deberá hacer una inspección de toda el área y de los equipos para poder identificar cualquier condición inadecuada.

Se deberá limpiar la zona de trabajo de cualquier potencial fuente de ignición que provoque un incendio o una explosión. Todo material combustible, inflamable como pinturas, aceites, grasas, solventes, recipientes a presión, gases comprimidos, metales en polvo, deberán estar aislados con una distancia mínima recomendable de 20 m de radio del lugar de trabajo en caliente.

En caso de emergencia se deberá contar con un extintor a una distancia mínima de 2 metros y opuesto a la dirección del viento.

Espacios confinados.- Son aquellos que por su tamaño y forma limitados no están diseñados para ser ocupados permanentemente; y posee espacios reducidos para la entrada y salida; pueden tener ventilación natural desfavorable como también la presencia de sustancias contaminantes.

Existen espacios confinados abiertos por su parte superior y de una profundidad que dificulta la ventilación natural. Entre ellos tenemos: trampas de grasa, fosas de engrase de vehículos, depósitos abiertos, pozos, bodegas de barcos, fosas, cisternas.

También es posible encontrar espacios confinados cerrados que únicamente tiene una pequeña abertura para su entrada y salida, entre ellos están: reactores, salas de transformadores, alcantarillas, tanques de almacenamiento, cisternas de transporte, túneles, calderas, hornos.

Los principales riesgos asociados a los trabajos en espacios confinados debido a la existencia de una atmosfera inmediatamente peligrosa pueden ser: riesgo de asfixia por insuficiencia de oxigeno, riesgo de explosión o incendio, riesgo de intoxicación por inhalación de contaminantes, atrapamiento por sustancias solidas.

Una atmosfera inmediatamente peligrosa para la vida es cuando debido a la composición existe el riesgo de muerte inmediata y las características atmosféricas son las siguientes: el contenido de oxigeno es inferior al 17% en volumen, la concentración de gases o vapores inflamables alcanza el 25% del límite inferior de explosividad y la concentración ambiental de una sustancia alcanza su correspondiente limite de inmediatamente peligroso para la vida o la salud, (I.D.L.H) Inmediately Dangerous to life or healh.

Actuación ante un espacio confinado-

- Identificar todas las áreas que necesitan de un permiso de trabajo.
- Instalar barreras de protección y avisos de prevención.
- No permitir la entrada sin autorización a los espacios confinados a los demás trabajadores.
- Tener programas desarrollados para los permisos de entrada a los trabajadores.
- Documentar los procedimientos para aquellos espacios confinados que no requieran de un permiso de trabajo y para los que si requieran de uno.
- Evaluar los riesgos presentes en los riesgos de trabajo antes, durante y después de una ocupación o cuando las condiciones hayan cambiado.
- Utilizar los equipos de protección personal necesarios.

Permiso de trabajo.- Es un autorización documentada la cual permite informar los riesgos existentes en un área de trabajo a sus ocupantes, definir las medidas de seguridad antes, durante y después de un trabajo determinado y además formalizan las diferentes responsabilidades de cada individuo a la hora de la ejecución, todo esto con el objetivo de que el área sea completamente segura y esté garantizada la salud de los trabajadores.

El Permiso de Trabajo básicamente es un documento escrito usado para el control de ciertos trabajos que son considerados como potencialmente peligrosos, dichos permisos no deben ser vistos como una autorización para realizar cualquier trabajo, sino como una medida para que los trabajos sean realizados con la mayor seguridad que requieran.

Andamios.- Son estructuras auxiliares que sirven para facilitar el trabajo a cierta altura.

Además son uno de los aspectos más importantes a la hora de realizar un trabajo en altura y que deben cumplir ciertas medidas de seguridad para prevenir cualquier accidente, caída de personas, materiales, entre otros.

Para la utilización de andamios es necesario el adecuado conocimiento de las instrucciones de montaje, de las condiciones de uso, de desmontaje del mismo y sobre todo de las capacidades del mismo.

La estabilidad del andamio debe ser asegurada instalándolo siempre sobre superficies planas o niveladas y resistentes.

Nunca se deberá rebasar el peso máximo al cual el andamio fue construido para soportar y que será establecido por el fabricante.

Antes del uso de un andamio móvil deberá verificarse que las rodaduras estén aseguradas (sistema de frenos en las ruedas), de caso contrario no podrá ninguna persona hacer uso del mismo; lo mismo sucederá al momento de trasladar el andamio de un lugar a otro.

Todos los accesorios del andamio deberán ser continuamente revisados antes, durante y después del uso para comprobar su confiabilidad y su buen estado. Entre ellos se debe observar el buen estado de las protecciones laterales, barandillas, listones.

Todas las uniones de los andamios deberán estar aseguradas con pasadores de seguridad, no se permitirá la unión de los mismos con objetos como clavos, tornillos u otros elementos que no cumplan la función de asegurar la unión de las estructuras.

Los andamios de 10 o más m. de altura se deberán asegurar a estructuras continuas o con ampliaciones en la base para asegurar.

Aquellos andamios que sobre pasen los 15 m. de altura son considerados de máximo riesgo y potencialmente peligrosos.

Al finalizar la jornada si la estructura se encuentra en el exterior, señalice su presencia y asegure su estabilidad contra los efectos del viento.

Rampas provisionales.- Las rampas provisionales deberán tener un mínimo de 600 milímetros de ancho, estarán construidas por uno o varios tableros sólidamente unidos entre sí y deberán tener listones transversales con una separación máxima entre ellos de

400 milímetros. Para evitar el deslizamiento de la rampa deberá estar firmemente anclada a una parte sólida o dispondrán de topes en su parte inferior.

Plataforma de trabajo.- Las plataformas de trabajo, fijas o móviles, estarán construidas de materiales sólidos y su estructura y resistencia serán proporcionales a las cargas fijas o móviles que hayan de soportar.

 En ningún caso su ancho será menor de 800 milímetros. Los pisos de las plataformas de trabajo y los pasillos de comunicación entre las mismas, estarán sólidamente unidos, se mantendrán libres de obstáculos y serán de material antideslizante, estarán además provistos de un sistema para evacuación de líquidos.

Las plataformas situadas a más de tres metros de altura, estarán protegidas en todo su contorno por barandillas y rodapié.

Cuando se ejecuten trabajos sobre plataformas móviles se aplicarán dispositivos de seguridad que eviten su desplazamiento o caída.

Cuando las plataformas descansen sobre caballetes se cumplirán las siguientes normas:

- Su altura nunca será superior a 3 metros.
- Los caballetes no estarán separados entre sí más de dos metros.
- Los puntos de apoyo de los caballetes serán sólidos, estables y bien nivelados.
- Se prohíbe el uso de caballetes superpuestos.

- Se prohíbe el empleo de escaleras, sacos, bidones, etc., como apoyo del piso de las plataformas.

Equipos elevadores.- La utilización de equipos elevadores es muy frecuente para realizar la limpieza, pintura o arreglos en las fachadas de los edificios, estos equipos en forma de canasta deben cumplir las siguientes recomendaciones básicas para su adecuado y seguro uso.

- Verifique el estado del equipo haciéndolo funcionar sin ocupantes antes de comenzar el trabajo verificando que suba y baje en su totalidad certificando que no existan ningún desperfecto.
- La carga se repartirá en la base de la canasta respetando los pesos máximos autorizados.
- La entrada y salida de sus ocupantes se realizara únicamente cuando esta se encuentre totalmente parada y apoyada sobre suelo firme.
- Cuando este en el interior de la canastilla, no debe inclinarse sobre encima de la baranda protectora, tampoco debe balancearse, ni saltar en su interior.
- Se debe prohibir su uso en condiciones climatológicas adversas, lluvia y fuertes vientos no debe utilizarlos pues peligra la seguridad de los ocupantes.
- Es obligatorio el uso del equipo de protección personal contra caídas, arnés de seguridad, línea de vida, cinturón de seguridad y zapatos con suela antideslizante.

Rampas, escaleras fijas y de servicio.- La superficie de las rampas, escaleras y plataformas de trabajo deberán ser de materiales antideslizantes y no resbaladizos. Las pendientes máximas de las rampas serán:

- Del 12% cuando su longitud sea menor de 3m.
- Del 10% cuando su longitud sea menor de 10m.
- Del 8% en los demás casos.
- Las escaleras tendrán una anchura mínima de 1m, excepto en las de servicio, que será de 55cm.
- Se prohíben las escaleras de caracol, excepto si son de servicio.
- Las escaleras mecánicas y cintas rodantes deberán tener dispositivos de parada de emergencia, fácilmente accesible e identificable.
- La anchura mínima de las escaleras fijas será de 40cm y la distancia máxima entre peldaños de 30cm.
- Cuando el paso desde el tramo final de una escalera fija hasta la superficie a la que se desea acceder suponga un riesgo de caída por falta de apoyos, la barandilla o lateral de la escalera se prolongara al menos 1m por encima del peldaño.
- Las escaleras fijas que tengan una altura superior a 4m dispondrán al menos a partir de dicha altura, de una protección circundante.
- Si se emplean escaleras fijas para alturas mayores de 9m se instalaran plataformas de descanso cada 9m o fracción.

Caídas al mismo nivel.- Las inadecuadas condiciones de orden y limpieza y la presencia de obstáculos o objetos pueden provocar caídas y tropiezos.

Cuando se efectúen actividades de limpieza toda el área de trabajo y de circulación debe ser señalizada para evitar resbalones y accidentes a causa del suelo mojado.

Evite que se produzcan derrames y vertidos, si se hubieran producido actué inmediatamente, retírelos y limpie la zona.

Los materiales inservibles, basura y desperdicios deberán ser colocados en sus respectivos recipientes.

Todo pasillo, escaleras, puertas, salidas de emergencia y vías destinadas a la evacuación deberán estar libres de objetos y obstáculos que impidan un acceso normal o una adecuada actuación en caso de emergencias.

Cuando ya no necesite utilizar herramientas y utensilios de limpieza, recójalos y guárdelos en los lugares destinados para ello.

Un área de trabajo se encuentra ordenada cuando hay un lugar para cada cosa y cada cosa en su lugar.

Herramientas.-

Se utilizaran las herramientas adecuadas para cada trabajo, antes de su uso se verificara su estado, se transportaran en sus respectivas cajas.

Cuando se requiera utilizar herramientas conjuntamente con escaleras o andamios las mismas deberán ser fijadas en cartucheras o cinturones que permitan su adecuada fijación. Se conservaran limpias y en buen estado.

En trabajos con tensión eléctrica se utilizaran herramientas aislantes

Maquinas.-

Para las actividades de mantenimiento de las maquinas solo podrán ser llevaras a cabo por personas competentes y formadas para dicho mantenimiento.

Es necesario que las maquinas se mantengan en buen estado de conservación y solo se usaran para el fin a las cuales fueron fabricadas.

Se deberá respetar estrictamente las distancias de seguridad a las líneas eléctricas y las instrucciones de empleo y mantenimiento de los mismos.

Se debe utilizar siempre los dispositivos de protección, queda prohibido quitar o hacerlos ineficaces dichos dispositivos.

En actividades de limpieza o mantenimiento las maquinas deben estar completamente paradas y estar desconectadas de la fuente de energía.

Antes de emprender los trabajos de limpieza o mantenimiento, asegurarse de que es imposible ponerlas en marcha por descuido.

Se recomienda el uso de avisos acerca de que la maquina se encuentra en mantenimiento y del mismo modo poner candado a la fuente de energía.

No se debe utilizar maquinas que presenten daños y defectos ya que esto puede poner en riesgo a la seguridad de los trabajadores.

Cualquier daño e imperfecto que tengan las maquinas hay que indicárselo inmediatamente al jefe directo.

Todas las reparaciones deben ser efectuadas únicamente por personas capacitadas para este fin.

RIESGOS FÍSICOS

Son todos los factores ambientales que intervienen en un puesto de trabajo y que actúan sobre el trabajador pudiendo provocar efectos nocivos y diferentes efectos fisiológicos que dependen principalmente de la intensidad y del tiempo de exposición.

Ruido.- En el planeta en el que vivimos cada día existe más ruido debido al aumento de los niveles de mecanización en los puestos de trabajo y de la necesidad de cumplir con los ritmos de producción, así como también la introducción de nuevas tecnologías hace que la situación sea alarmante llegando a niveles que representan un verdadero peligro para la salud de millones de persona y que la contaminación sonora sea cada vez mayor.

En todos los lugares de trabajo y en nuestras actividades laborales estamos diariamente expuestos al ruido.

El ruido es una vibración desagradable que se propaga en el aire y que es percibida por el oído humano, esta puede ser incomoda como no.

La exposición continúa y excesiva al ruido puede ser causante de la perdida de la capacidad auditiva a largo plazo, como así mismo dar lugar a efectos fisiológicos debido a la exposición continua de un ambiente acústico inadecuado.

El ruido básicamente es un sonido no deseado, puede ser la combinación de varios sonidos no coordinados que producen una sensación incomoda o cualquier sonido que interfiera o impida alguna actividad humana.

Para que el ruido sea una realidad necesita de una fuente de producción, de un medio de transmisión y de un sujeto receptor.

El ruido se define de acuerdo a tres criterios básicos, que son los siguientes:

- **Amplitud del Sonido.** Es la variación del nivel de presión acústica (NPA) que es captada por el oído humano comprendidas entre 0 dB (nivel umbral de percepción) y 140 dB (nivel umbral del dolor).

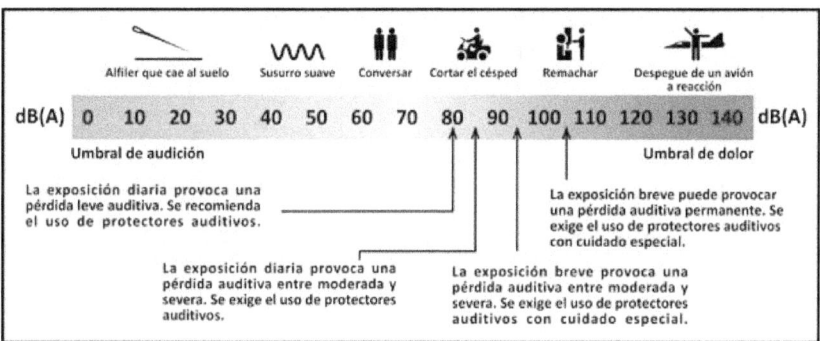

La Ley de Weber-Fechner dice que la magnitud de una sensación es proporcional al logaritmo del estimulo que la provoca, lo que define al decibelio (dB)A como la unidad de medida de la amplitud de un ruido.

- **Frecuencia del sonido.**- Se define como el número de veces por segundo que se produce una variación de presión acústica, medida en Hertz (Hz), es la cantidad de ondas de un sonido propagado en el tiempo de 1 segundo.

El oído humano está diseñado para reconocer sonidos cuyo rango de frecuencia se sitúan entre 20 Hz y 20.000 Hz. Los sonidos de baja frecuencia son llamados graves y los de alta frecuencia se denominan agudos.

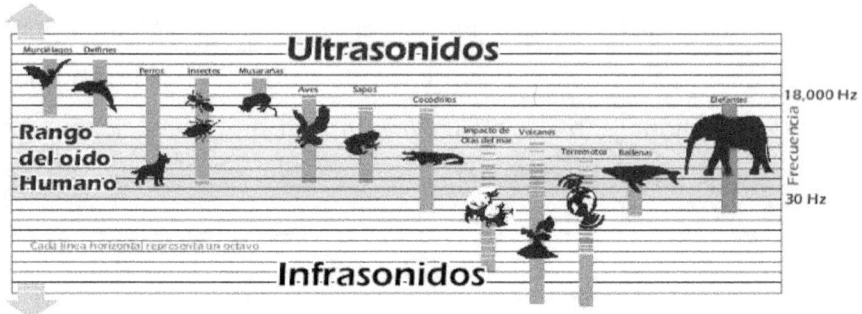

Cuando se produce un ruido en el rango de frecuencias bajas (grave) lo oímos en menor intensidad de la que realmente tiene, lo mismo sucede si el ruido es de muy alta frecuencia (agudo).

En la práctica el oído humano en respuesta a un ruido actúa como si quiera protegerse de la agresión acústica, sobrevalorando la señal ruidosa como mecanismo de defensa.

Clases de ruidos.

- **Estacionarios o continuos.-** Son aquellos que aun presentando variaciones en su intensidad o NPA permanecen constantes en el tiempo, como ejemplo el ruido que proviene de una maquina accionada por un motor eléctrico de explosiones o martillos neumáticos.

- **No estacionarios.-** Pueden ser intermitentes o fluctuantes en los cuales el NPA varia con el tiempo.

- **De impulso o impacto.-** Son aquellos que tienen una intensidad muy alta pero desaparece en un periodo de tiempo muy corto. Ejemplo: Disparo de una escopeta, golpes de martillo.

Los altos niveles de ruido (a partir de 80dBA) provocan daños auditivos irreversibles conocidos como hipoacusia, aunque también pueden causar otras alteraciones fisiológicas y trastornos que alteren distintas funciones del cuerpo humano, entre ellos los principales es posible mencionar: angustia, irritabilidad, cefaleas, desconcentración, estrés, mal genio, cambios en la actividad gástrica, aumentos de la presión arterial, entre otros.

Vibraciones.- Es todo movimiento oscilatorio transmitido al cuerpo humano mediante estructuras solidas que tiene la capacidad de producir cualquier tipo de molestia o efecto nocivo.

Se originan por:

- Oscilación de equipos destinados a transporte, perforación, abrasión, sedimentación.
- Movimientos rotatorios o alternativos, motores de combustión interna, superficies de rodadura de vehículos.
- Vibración de estructuras.

- Herramientas manuales eléctricas, neumáticas, hidráulicas y en general las asistidas mecánicamente y las que ocasionen golpes.

Los efectos adversos de las vibraciones sobre el cuerpo humano dependen del espectro de frecuencias, aceleración y dirección, tiempo de exposición y otros factores individuales.

Existen dos tipos de vibraciones: vibraciones de cuerpo completo y vibraciones mano brazo.

Entre los principales efectos de las vibraciones cuerpo completo son los siguientes: malestar, interferencia en la actividad, alteraciones de las funciones fisiológicas, alteraciones cardiovasculares, respiratorias, endocrinas y metabólicas, alteraciones neuromusculares, alteraciones sensoriales y del sistema nervioso central, riesgo para la salud de la columna vertebral.

Los siguientes son los principales efectos de las vibraciones mano brazo son: trastornos vasculares, trastornos neurológicos periféricos, trastornos de los huesos y articulaciones, trastornos musculares, otros trastornos del sistema nervioso central.

La vibración de cuerpo completo se encuentra básicamente en el transporte pero también en otros procesos industriales, en transporte terrestre, marítimo y aéreo. Este tipo de vibración puede causar malestar, interferir con las actividades o también causar lesiones.

Ejemplos donde se pueden encontrar vibraciones de cuerpo completo:

- Conducción de tractores Vehículos de combate blindados y otros similares.
- Vehículos todoterreno, autobuses, furgonetas.
- Maquinaria de movimiento de tierras como excavadoras, motoniveladoras, cucharas de arrastre, volquetes, rodillos compactadores.
- Máquinas forestales.
- Maquinaria de minas y canteras.
- Carretillas elevadoras.
- Conducción de algunos camiones.
- Conducción de autobuses y tranvías.
- Vuelo de helicópteros y aeronaves de alas rígidas.
- Algunos trabajadores que utilizan maquinaria de fabricación de hormigón.
- Conductores ferroviarios.
- Uso de embarcaciones de alta velocidad.

Las vibraciones mecánicas que penetran en el cuerpo por los dedos o las palmas de las manos producidas por procesos o herramientas a motor se denominan vibraciones transmitidas a las manos, mayormente conocidas como vibraciones mano brazo y vibraciones locales o segmentadas.

El origen de las vibraciones mano brazo provienen de las herramientas a motor que se usan en los procesos de fabricación, construcción, explotación de canteras, minería, en la agricultura, trabajos forestales y obras publicas. Ejemplos: herramientas de percusión para trabajo de metales, amoladoras y otras herramientas rotativas, llaves de impacto, martillos perforadores de roca, martillos rompedores de piedra, martillos picadores, compactadores vibrantes, sierras de cadena, sierras de recortar, descortezadoras, martillos rompedores de asfalto y hormigón, martillos perforadores, amoladoras de mano, entre muchas más.

Actividades tales como la conducción de motocicletas o el uso de herramientas vibrantes domésticas pueden exponer las manos esporádicamente a vibraciones de gran amplitud, pero solo las largas exposiciones diarias pueden provocar problemas de salud (Griffin 1990).

Condiciones generales ambientales ventilación, temperatura y humedad.- En los locales de trabajo y sus anexos se procurará mantener, por medios naturales o artificiales, condiciones atmosféricas que aseguren un ambiente cómodo y saludable para los trabajadores.

En los locales de trabajo cerrados el suministro de aire fresco y limpio por hora y trabajador será por lo menos de 30 metros cúbicos, salvo que se efectúe una renovación total del aire no inferior a 6 veces por hora.

La circulación de aire en locales cerrados se procurará acondicionar de modo que los trabajadores no estén expuestos a corrientes molestas y que la velocidad no sea superior a 15 metros por minuto a temperatura normal, ni de 45 metros por minuto en ambientes calurosos.

En los procesos industriales donde existan o se liberen contaminantes físicos, químicos o biológicos, la prevención de riesgos para la salud se realizará evitando su generación, su emisión y su transmisión, y cuando resultaren imposibles las acciones precedentes, se utilizará el equipo de protección personal.

En los centros de trabajo expuestos a altas y bajas temperaturas se procurará evitar las variaciones bruscas.

En los trabajos que se realicen en locales cerrados con exceso de frío o calor se limitará la permanencia de los operarios estableciendo los turnos adecuados.

Las instalaciones generadoras de calor o frío se situarán siempre que el proceso lo permita con la debida separación de los locales de trabajo, para evitar en ellos peligros de incendio o explosión, desprendimiento de gases nocivos y radiaciones directas de calor, frío y corrientes de aire perjudiciales para la salud de los trabajadores.

Ambiente Térmico.- La variación o los cambios climáticos, la tarea realizada en la jornada de trabajo, el tipo de vestimenta utilizada y las características individuales de los trabajadores (edad, peso, entre otras) logran dar al cuerpo humano distintos niveles de confort o de aceptabilidad con respeto al ambiente térmico en el sitio de trabajo.

Un ambiente térmico deficiente en el sitio de trabajo es capaz de generar una reducción en el rendimiento de los trabajadores, como también provocar fatiga física y mental, desconcentración debido a las molestias ocasionadas, accidentes laborales y riesgos para la salud.

Los principales efectos nocivos producidos por el calor son: sincope por calor, calambres por calor, agotamiento, deshidratación, golpe de calor, colapso cardiaco.

Los mecanismos de producción del calor se dan mediante el metabolismo basal, actividad muscular, efecto de la temperatura y de las hormonas sobre las células y la acción dinámica especifica que tienen los alimentos en el cuerpo humano.

Cuando el cuerpo humano no logra eliminar el calor para mantener un confort térmico, dicho calor tiende a acumularse en el organismo y como consecuencia la temperatura interna del cuerpo y el ritmo cardiaco aumentan, lo cual puede provocar serios daños a la salud, como también la muerte del afectado.

Para que el cuerpo humano se mantenga dentro de un rango de temperatura que permita su supervivencia en condiciones ambientales extremas dispone de mecanismos de regulación muy efectivos que ayudan a mantener una temperatura aceptable.

Las formas más importantes para la eliminación del calor por parte del cuerpo humano son: la evaporación, la convección y la radiación.

La eliminación del calor mediante la evaporación del sudor es uno de los mecanismos de eliminación, donde el calor del cuerpo se transforma en sudor y se evapora por los poros de la piel.

Iluminación.- Una buena iluminación facilita considerablemente que un determinado trabajo sea realizado en condiciones satisfactorias de eficiencia y precisión, aumentando su calidad y reduciendo la fatiga visual.

También evita accidentes provocados por iluminación deficiente en vías de circulación, escaleras, pasillos, salidas de emergencia, entre otras.

La luz es una radiación electromagnética emitida dentro del espectro visible y que por tanto es capaz de producir una sensación visual.

Esta pequeña franja del espectro electromagnético que es visible corresponde a las longitudes de onda entre 400 y 780 nanómetros.

La luz natural tiene ventajas con respecto a la luz artificial ya que aparte de ser la principal fuente natural de radiación visible resulta ser gratuita y en la vista produce un menor cansancio porque el ojo humano se adapta más fácilmente a la luz natural.

Sin embargo, con frecuencia es importante complementarla con luz artificial para un mayor confort visual de las tareas.

Es importante optimizar los niveles de iluminación en las áreas de trabajo dentro de los laboratorios. El exceso o la falta iluminación puede provocar en el trabajador la pérdida de agudeza visual, errores por deslumbramientos debido a contrates muy acusados o fatiga visual, además de accidentes;

por lo tanto deben estar en los niveles establecidos para cada tarea.

RIESGOS QUÍMICOS

En los últimos 50 años se ha ampliado la gama de productos químicos disponibles, contribuyendo a aumentar la expectativa de vida y mejorar las condiciones de la existencia humana.

Muchos productos químicos no son utilizados directamente por los consumidores, pero son esenciales para proporcionar elementos que forman parte de nuestro vivir cotidiano.

Hoy en día se identifican más de 11 millones de productos químicos ya sean naturales o fabricados por el ser humano.

La necesidad de desarrollo de los países los ha llevado a introducir en los procesos industriales y en las actividades habituales una gran variedad de sustancias y productos en cuya estructura o composición se encuentran elementos de alta peligrosidad.

El aumento masivo de los materiales considerados peligroso, ha incrementado el riesgo de escapes, incendios, explosiones, derrames y fugas, aumentando las victimas a causa de estos incidentes.

Se entiende por contaminante químico toda porción de materia inerte, en cualquiera de sus estados (solido, líquido, gaseoso) cuya presencia en la atmosfera de trabajo puede originar alteraciones en la salud de las personas.

Toda sustancia orgánica e inorgánica, natural o sintética que durante la fabricación, manejo, transporte, almacenamiento o uso, puede incorporarse al medio ambiente en forma de polvos, líquidos, nieblas, humos, gases o vapores con efectos irritantes, corrosivos, asfixiantes o tóxicos y en cantidades que tengan probabilidades de lesionar la salud de las personas que entran en contacto con ellas.

También incluye la manipulación, almacenamiento y transporte de productos químicos peligrosos para la salud y el medio ambiente.

Producto químico peligros es toda sustancia que por sus características físico-químicas pueden presentar un riesgo de afección a la salud, al ambiente o la destrucción de bienes, lo cual obliga a controlar su uso y limitar la exposición a él y que puede ser: explosivo, inflamable, susceptible de combustión espontanea, oxidante, inestable térmicamente, toxico, infeccioso, corrosivo, liberador de gases tóxicos o inflamables y aquellas que por algún medio luego de su eliminación puedan originar algunas de las características anteriores.

La Gestión de Productos Químicos Peligrosos en el Ecuador, se inicio en 1992 con el desarrollo del estudio "Manejo de Productos Químicos Peligrosos y Plaguicidas en el Ecuador" elaborador por Fundación Natura, en el cual se realizo un diagnostico global de la realidad ecuatoriana en cuanto al mejoramiento de los productos químicos en todas sus fases.

En 1998 mediante la ejecución del Régimen Nacional de Gestión de Productos Químicos a través del Comité Nacional para la Gestión de Productos Químicos Peligrosos se establece la estructura orgánica del proceso de Control de Productos Químicos Peligrosos donde se incluyen las siguientes fases: Abastecimiento (importación, formulación y fabricación), transporte, almacenamiento, comercialización, utilización y disposición final.

El Sistema Nacional Descentralizado de Gestión Ambiental (SNDGA) es el marco institucional operativo y de tutela de la gestión ambiental en el ámbito nacional según el artículo 399 de la Constitución Política del Ecuador.

Hoja de Seguridad.- Es un documento que permite documentar en forma completa los peligros que ofrecen los productos químicos tanto para el ser humano como para el ecosistema. También informa acerca de las precauciones requeridas y las medidas a tomar en casos de emergencias.

Comúnmente se le conoce como MSDS y es elaborada por su fabricante quien conoce a la perfección las propiedades del producto. Para construir este documento es necesario enviar muestras de los productos a entidades especializadas donde realizan pruebas toxicológicas, propiedades fisicoquímicas, entre otras más.

A pesar de que no exista una ley específica para la elaboración de una MSDS, en Estados Unidos y otros países de Latinoamérica siguen el criterio que dicta la Norma Técnica ANSI Z 400.1, que contiene 16 secciones de información importante sobre la identificación de la compañía y del producto, identificación del riesgo, medidas de primeros auxilios, manejo y almacenamiento, propiedades físicas y químicas, información toxicológica, entre otras.

De acuerdo a los datos que contenga una MSDS los productos a ser manejados, almacenados y transportados deber ser clasificados y etiquetados.

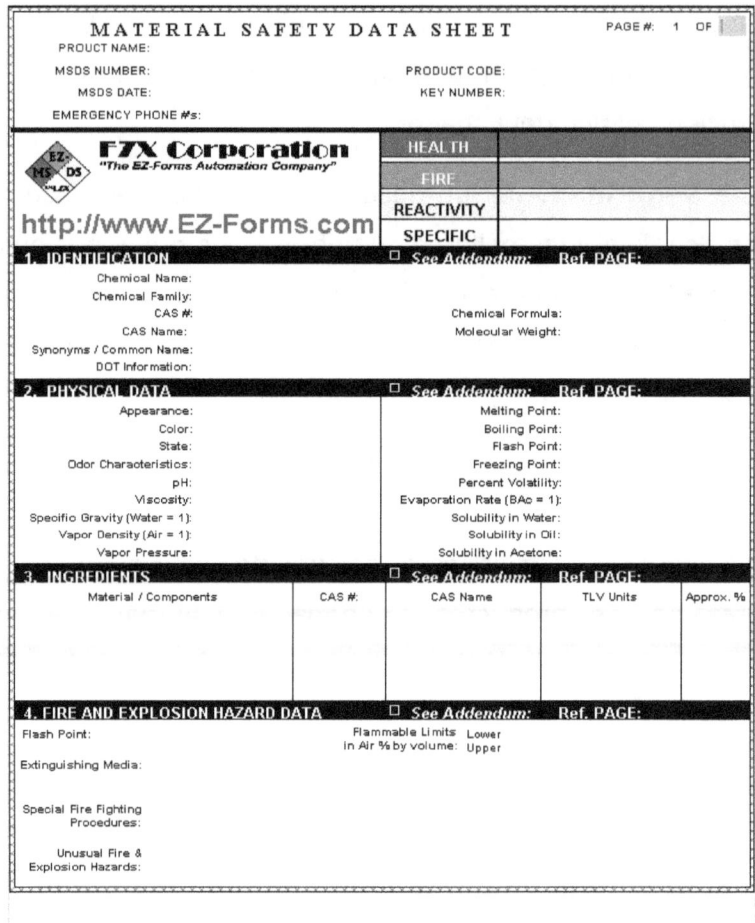

Sistemas de clasificación de productos químicos peligrosos.- Existen varios sistemas de clasificación para identificar los riesgos ofrecidos por las sustancias químicas, entre los cuales tenemos el de las Naciones Unidas para el Transporte, el de la Unión Europea para el Transporte o Almacenamiento, el sistema de la National Fire Protection Association (NFPA) para situaciones de emergencias y el almacenamiento de las sustancias, y el HMIS para el manejo y el Sistema Globalmente Armonizado.

Clasificación de las sustancias peligrosas.- Cada país debe disponer de un sistema de clasificación de los peligros y de etiquetado según normas nacionales o internacionales para asegurar las condiciones de seguridad y salud de los trabajadores.

Organización de las Naciones Unidas (ONU).- Clasifica a los productos peligrosos en nueve clases de riesgos y cada una con sus respectivas subclases.

- **Clase 1.-** Explosivos.
- **Clases 2.-** Gases.
- **Clase 3.-** Productos líquidos inflamables y combustibles.
- **Clase 4.-** Sólidos inflamables, materiales espontáneamente combustibles y material peligroso cuando esta mojado.
- **Clase 5.-** Oxidantes y peróxidos orgánicos.
- **Clase 6.-** Material venenoso e infeccioso.
- **Clase 7.-** Material radioactivo.
- **Clase 8.-** Material corrosivo.
- **Clase 9.-** Material peligroso misceláneo.

Sistema Globalmente Armonizad de Clasificación y Etiquetado de Productos Químicos.- Facilita la identificación de los peligros intrínsecos de las sustancias mezcladas para comunicar información sobre ellos; indicaciones de peligro, símbolos respectivos y palabras de advertencia que han sido normalizadas a nivel mundial formando un sistema integral de comunicación de peligros.

También busca facilitar el comercio mundial de sustancias químicas cuyas propiedades de peligrosidad son elevadas y que estén identificadas adecuadamente a nivel mundial como así también tener un sistema comprensible para todos los países reduciendo la necesidad de análisis evaluaciones de las sustancias químicas.

Sistema de Identificación de Productos Químicos Peligrosos (ONU).- La identificación de productos peligrosos para el transporte de acuerdo al criterio de las Naciones Unidas (ONU) se realiza mediante la simbología de riesgo, compuesta por un panel de seguridad, de color, y un rótulo de riesgo. Estas informaciones obedecen a los estándares técnicos definidos en la legislación del transporte y de productos peligrosos.

De conformidad con la legislación, el panel de seguridad incluye el Número de Riesgo y el Número de la ONU y el panel de seguridad incluye el Símbolo de Riesgo y la Clase o Subclase de Riesgo en el Rótulo de Riesgo.

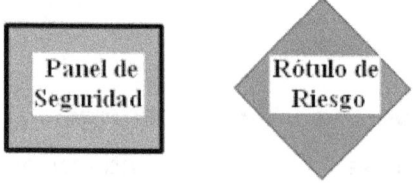

En la siguiente imagen se puede observar un ejemplo de la aplicación de la metodología de identificación de los números de riesgo.

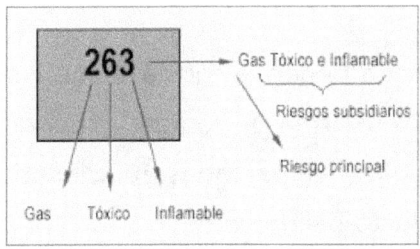

Número de identificación del producto de acuerdo a la ONU.- Se trata de un número compuesto por cuatro cifras que se debe colocar en la parte inferior del panel de seguridad y sirve para identificar una determinada sustancia o material clasificado como peligroso. A continuación se muestra un ejemplo:

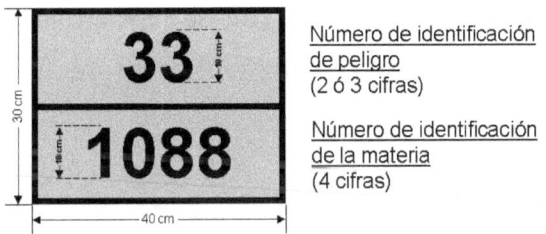

Rotulo de riesgo.- Todo embalaje usado para el transporte terrestre debe portar el rotulo de riesgo, cuyas dimensiones se deben establecer de acuerdo con la legislación vigente.

El rotulo de riesgo usado en el transporte debe ser correspondiente a la clase o sub clase de riesgo del producto.

Los números de las clases y subclases se colocan en la parte inferior de los rótulos de riesgo y los discriminados en un campo específico en los documentos fiscales portados por el conductor del vehículo.

Los rótulos de riesgo tienen la forma de un cuadrado, colocado en un ángulo de 45° en forma de rombo y pueden contener símbolos, figuras o expresiones enmarcadas relacionadas con las clases o subclase del producto peligroso.

Los rótulos de riesgo están divididos en dos mitades:

- La mitad superior exhibe el pictograma, símbolo de identificación del riesgo (excepto para las subclases 1.4, 1.5 y 1.6.
- La mitad inferior destinada a exhibir el número de la clase o subclase de riesgo, grupo de compatibilidad según convenga y cuando sea aplicable el texto indicativo de la naturaleza del riesgo.

IDENTIFICACION DOT (ONU)

IDENTIFICACION DEL RIESGO

NUMERO ESPECIFICO DEL PRODUCTO QUIMICO DE LAS NACIONES UNIDAS

Sistema para la identificación de riesgos de incendio de productos peligros (NFPA 704).- La NFPA es una entidad internacional voluntaria creada para promover la protección y prevención contra el fuego y recomienda prácticas seguras desarrolladas por personal experto en el control de incendios.

El sistema de información representa la información sobre tres categorías de riesgo: para la salud, inflamabilidad y reactividad como también del nivel de gravedad de cada, y acerca de dos riesgos especiales como es la reacción con el agua y su poder oxidante.

El sistema estandarizado utiliza números (escala del 0 al 4) y colores para definir el nivel de riesgo que un producto peligroso presenta.

Para el uso responsable de este rombo es necesario que el personal destinado a su aplicación tenga los criterios respectivos sobre la clasificación y del significado del mismo como de sus números y colores.

A continuación podemos observar el rombo que se divide en cuatro partes de diferentes colores y con su respectiva numeración para poder definir el grado de peligrosidad de la sustancia a clasificar.

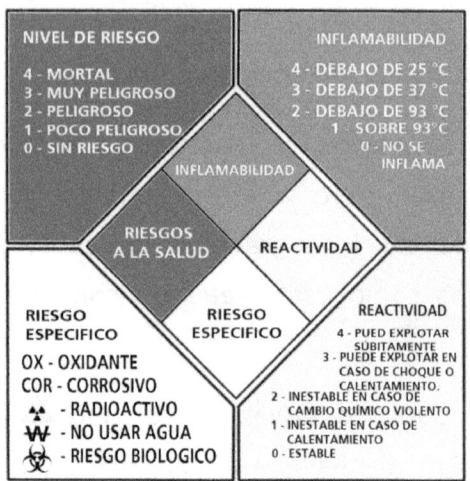

Sistema de Identificación de Riesgos HMIS (Hazardous Materials Identification System).- El sistema de identificación de materiales peligrosos HMIS fue creado en el año de 1976 por la National Paint Coating Association para poder informar a los empleados a cerca de los peligros que los productos químicos peligrosos contienen y de acuerdo al equipo de protección personal que debe usarse para cada una.

Esta metodología de identificación utiliza colores, números, letras y símbolos para la información adecuada del producto químico en el lugar de trabajo. Define los peligros para la salud (color azul), inflamabilidad (color rojo) y peligrosos físicos (color naranja) con una clasificación numérica que va desde el 0 al 4 los cuales indican el grado de peligro de la sustancia.

El numero 0 representa peligro mínimo para la salud y mediante la numeración asciende su nivel de riesgo va incrementando llegando a ser el numero 4 el peligro extremo o en esta caso si contrastamos con la normativa NFPA 704 sería una amenaza inmediatamente a la vida, un daño mayor o permanente con simples o repetidas exposiciones.

Incluyen espacios en blanco donde debe indicarse cuál es el equipo de protección personal que se debe utilizar.

A continuación vemos un ejemplo en la identificación con el sistema HMIS:

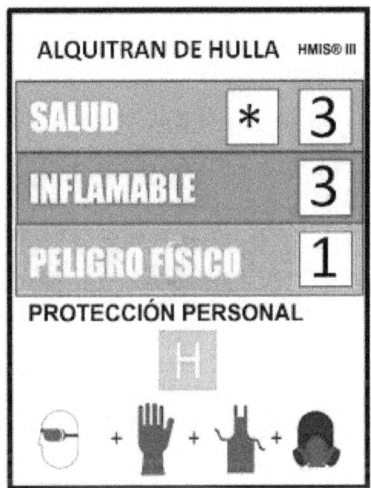

Si al grado numérico le acompaña un asterisco (*) esto indica inmediatamente que la sustancia produce efectos crónicos para la salud como vemos en el ejemplo anterior.

El peligro físico del Sistema HMIS se determina usando el criterio técnico de la OSHA usando 7 tipos o clases:

- **Clase 1.** Reactivos
- **Clase 2.** Peróxidos orgánicos
- **Clase 3.** Explosivos
- **Clase 4.** Gases comprimidos

- **Clase 5.** Pirofóricos
- **Clase 6.** Oxidantes
- **Clase 7.** Reactivos inestables

En la franja inferior del Sistema de identificación HMIS se encuentra una barra o un espacio en blanco donde permite recomendar el equipo de protección personal que se debe utilizar y que corresponde a un código de letra, cada letra que aparece en el espacio destinado para el EPP (equipo de protección personal) corresponde al artículo o a la suma de varios EPP que van a depender de acuerdo a la sustancia presente en el trabajo.

Una vez que se haya identificado el producto, se puede conocer sus riesgos y el potencial de daño del mismo. Se puede establecer las medidas de control necesarias tanto para la manipulación, almacenaje y transporte de los producto químico peligrosos y conocer las medidas de seguridad en caso de emergencias, de accidentes, derrames, entre otros.

Cuando no se conoce ni se tiene información con respecto a los productos utilizados, se debe suponer que se trata de una situación con un alto potencial de daño donde se requiera tomar las medidas de seguridad y precaución extremas para evitar cualquier daño y efecto no deseado a las personas o al medio ambiente.

RIEGOS BIOLÓGICOS

Se denomina riesgo biológico al agente biológico que tiene la capacidad de producir una amenaza a la salud de los seres humanos, esta contaminación se produce por virus, bacterias, hongos, parásitos y otros como cultivos celulares, vectores (animales como roedores, insectos serpientes), sustancias vegetales, restos humanos y líquidos biológicos que al entrar en contacto con la persona puede causar una enfermedad del tipo infecciosa o parasitaria.

Agente biológico.- Conjunto de microorganismos, toxinas, secreciones biológicas, órganos, tejidos corporales de humanos, animales y vegetales.

Enfermedades biológicas más comunes:

Salmonelosis.- Es una enfermedad causada por la ingestión de alimentos y líquidos contaminados por la bacteria llamada Salmonella la cual afecta a nivel mundial y que puede provocar una intoxicación o una infección intestinal, afecta especialmente a los seres humanos y también a otras especies animales.

 La bacteria ingresa al organismo mediante cualquier alimento contaminado y sobre todo de origen animal, huevos, carne cruda y productos lácteos.

Los principales síntomas de la salmonelosis son diarrea crónica, fiebre, vomito e infección del torrente sanguíneo que afecta especialmente a niños pequeños y personas de avanzada edad.

Los síntomas normalmente surgen después de uno a tres días del consumo del alimento contaminado.

Es necesaria una adecuada manipulación de los alimentos, de una buena cocción de las proteínas a una temperatura correcta, ya sea de aves, res, pescado y cerdo para evitar que las mismas queden crudas antes de ingerir y de este modo minimizar el riesgo de contraer la enfermedad.

También es importante refrigerar o congelar los alimentos de inmediato reduciendo al máximo el tiempo el que estén a temperatura ambiente.

Evite ingerir huevos crudos ya que en estos suele contener la bacteria, no tome leche cruda y procure mantener una buena higiene personal antes y después de preparar la comida como también la de los alimentos.

Fiebre tifoidea.- Es una enfermedad aguda que la produce el bacilo salmonella typhi, la misma que se contagia por la leche, el agua o los alimentos contaminados por heces de enfermos portadores.

La incidencia de la enfermedad ha disminuido en gran porcentaje con el aumento en calidad de los suministros de agua y leche, mediante las etapas de higienización y purificación del agua con el proceso de pasteurización, y esterilización de los productos lácteos.

Brucelosis.- Es una enfermedad infecciosa provocada por varias especies de bacterias del genero Brucilla, denominada también como fiebre ondulante, se transmite a los seres humanos por el contacto con de los animales infectados con la bacteria, como ejemplo se encuentran las vacas; como también al ingerir su leche contaminada.

Otros nombres con los que se conoce a la Brucelosis es fiebre de malta, enfermedad de Bang, fiebre mediterránea.

Es posible que en los animales se produzca esterilidad temporal, disminución de la producción de leche y abortos a causa de la enfermedad.

RIESGOS ERGONOMICOS

Actualmente no existe una historia específica sobre la ergonomía, el primer científico que utilizo el termino ergonomía fue el polaco W.Jastrzebowsk en el año de 1957 en su obra denominada "Esbozo de la ergonomía o ciencia del trabajo basada en unas verdades tomadas de la naturaleza".

Hace solo unas décadas se han venido desarrollando un conjunto de conceptos relacionados entre el hombre y su trabajo, estos primeros conocimientos han sido creados por ingenieros, médicos, organizadores del trabajo incluyendo amplias observaciones y medidas con respecto a la interrelación entre el hombre y la tarea de trabajo, mejora del rendimiento y de la productividad.

En el siglo XVII Vauban y en el siglo XVIII realizan investigaciones importantes con respecto a la carga de trabajo física durante la jornada de trabajo y llegan a la conclusión de que una carga excesiva y elevada de trabajo pueden llevar a la fatiga física, como también provocar diferentes daños a la salud, por lo que recomiendan una mejor organización de las tareas para reducir tales daños.

Después de la revolución industrial debido al incremento daño a la salud de muchos trabajadores por diversos motivos como la gran demanda y otros factores de la época comienzan a realizarse las primeras investigaciones científicas en el campo de la ergonomía.

La historia más actual de la ergonomía comienza en EE.UU tras la revolución industrial donde se desarrolla, bajo el nombre de "Human Factors".

Antecedentes de la Ergonomía
Prehistoria Siglo XIX: Ergonomia Artesanal
Construccion de herramientas, utiles, instrumentos primitivos y artesanales adaptados a las dimensiones humanas y a la funcion.
Entre 1900 - 1949: Ergonomia y Guerras Mundiales.
Incremento de producción, municiones y armas de guerra, organización científica del trabajo. Incremento del costo y complejidad de las maquinas, selección y adiestramiento. Adaptación de las maquinas a las capacidades del hombre. Aparece la ergonomía científica con Murrell y la Ergonomics Research Society que es la primera sociedad nacional de ergonomía.
1949 en adelante: Ergonomía industrial.
Aplicación de la ergonomía al enterno empresarial Se constituye la asociacion española de ergonomía La ergonomía es reconocida como una disciplina preventiva

Definición de ergonomía.- Es el estudio científico de la relación que existe entre los factores humanos con el ambiente de trabajo, el diseño de los equipos, maquinas y espacios de trabajo.

Es una disciplina científica que estudia el funcionamiento del hombre en la actividad laboral (Antoine Laville).

Es la relación entre el hombre y su trabajo (CECA. Asociación Comunitaria Ergonómica)

La aplicación de las ciencias biológicas humanas para la óptima recíproca adaptación del hombre y su trabajo (OIT).

Objetivos de la ergonomía:

- Identificar, analizar y reducir los riesgos ergonómicos.

- Adaptar el puesto de trabajo y las condiciones de trabajo a las características del trabajador.
- Control a la introducción de nuevas tecnologías en las organizaciones.
- Adaptación de las capacidades y aptitudes de los trabajadores al puesto de trabajo.
- Establecer criterios ergonómicos para la adquisición de útiles, herramientas y materiales de trabajo.
- Aumentar la motivación y satisfacción en el trabajo.
- Mejorar organización de la empresa (disminución del ausentismo, presentismo, sabotajes, etc.) y mejorar la salud de los empleados en el trabajo.
- La ergonomía esencialmente busca conseguir una adaptación adecuada de las condiciones de trabajo a las características físicas y psíquicas del trabajador, para mejorar la productividad, reducir accidentes de trabajo y enfermedades profesionales.

División y clasificación de la ergonomía.

En función del campo de actuación se clasifica la ergonomía en los siguientes grupos:

- Ergonomía Geométrica.
- Ergonomía Ambiental.
- Ergonomía temporal.
- Ergonomía de la Seguridad.
- Ergonomía de comunicación.

Ergonomía Geométrica.- Es la disciplina que estudia la relación directa del trabajador con las condiciones físicas del puesto de trabajo, considerando el diseño, dinámica, asientos, mesas, necesidades del trabajador, características de la población laboral, entre otras.

Parámetros para el diseño del puesto de trabajo:

- **Antropometría.-** Tamaño físico del trabajador.
- **Biomecánica.-** Movimientos del trabajador.
- **Área de trabajo.-** Debe adaptarse a la estatura del cuerpo y tipo de trabajo o tarea realizada, asientos ergonómicos, espacio suficiente para movimientos, control sobre el sistema circulatorio-respiratorio, posición del cuerpo.

Ergonomía ambiental.- Estudia la relaciones que existe entre el trabajador con los factores ambientales presentes en el puesto de trabajo (humedad, temperatura, velocidad del aire), analiza el impacto que tienen los factores ambientales sobre el estado de salud y confort de los trabajadores.

La ergonómica ambiental se encarga del estudio, análisis de los siguientes ambientes:

- **Ambiente Térmico.-** Intervienen factores ambientales como la temperatura, la humedad, la velocidad del aire presentes en el sitio de trabajo y además también factores individuales como puede ser el tipo de actividad, la vestimenta, el cambio metabólico.

El ser humano mantiene una temperatura constante aproximada a los 37° centígrados, dicha temperatura interna está controlada por los mecanismos termoreguladores presentes en el cuerpo humano, el sudor es uno de los medios de regulación, la evaporación del mismo por medio de los poros del cuerpo evita la elevación de la temperatura cuando en el exterior la temperatura aumenta y otro mecanismo es la oxidación de los alimentos almacenados dentro del estomago que produce la elevación de la temperatura corporal cuando en el exterior la temperatura desciende.

La ergonomía ambiental teniendo en cuanta el ambiente térmico busca encontrar el equilibrio entre los factores ambientales y trabajador en esencia.

El valor de las diferentes variables climáticas, combinado con la intensidad de la actividad realizada en el trabajo, el tipo de vestimenta y las características individuales de los trabajadores, causan diferentes grados de aceptabilidad o confort del ambiente térmico en los trabajadores.

El ambiente térmico del lugar de trabajo, aunque no sea extremo, puede influir negativamente en el bienestar de los trabajadores.

Un ambiente térmico inadecuado puede originar una reducción del rendimiento físico y mental, la disminución de la productividad y un incremento en la desconcentración debido a las molestias ocasionadas, fatiga física o mental y estas causar distracciones que pueden ser la causa de accidentes laborales.

- **Ambiente Luminoso.-** Una iluminación inadecuada en el sitio de trabajo constituye un riesgo debido a una apreciación equivocada de la posición, forma o velocidad de un objeto que puede provocar errores y accidentes debidos a falta de visibilidad y de deslumbramientos. También puede provocar la aparición de fatiga visual y otros trastornos visuales y oculares en los trabajadores por consecuencia de una iluminación inadecuada.

  Es por eso la importancia de realizar un acondicionamiento adecuado de la iluminación en los puestos de trabajo con la finalidad de favorecer la percepción visual, asegurar así la correcta ejecución de las tareas, mejorar la seguridad y bienestar de los trabajadores.

- **Ambiente Acústico.-** Esta relacionado con la presencia de sonidos y ruidos no deseados desagradables para el oído humano que tienen un efecto adverso en el sentido de la audición y en otras áreas del cuerpo humano.

  El ruido es un contaminante que está presente en la mayoría de ambientes laborales que puede provocar la pérdida de la capacidad auditiva, pero también puede generar daños y efectos dañinos del tipo extra-auditivo.

  Situación similar ocurre con las vibraciones que pueden producir daños y lesiones o bien efectos relacionados con el malestar.

  El enfoque del ruido y de las vibraciones es ergonómico por tanto relacionado con el malestar, los efectos subjetivos, la alteración del comportamiento y rendimiento.

- **Ambiente Atmosférico.-** La calidad del ambiente interior se puede definir como el estado de las condiciones ambientales dentro del sitio de trabajo donde están presentes contaminantes químicos, físicos y biológicos que puedan poner en riesgo la salud de los trabajadores.

  Está constituido por factores determinantes de la calidad del aire interior y el nivel de concentración de los agentes contaminantes, para lo cual será necesario el uso de sistemas de ventilación y climatización de aire interior, etc. Entendiendo por C.A.I "el aire en el que no hay contaminantes reconocidos como tales en concentraciones peligrosas para la salud y en el que la mayoría de la población (no menos del 80%) expresa sensación de confort visual, acústico, termo higrométrico y olfativo".

- **Ambiente Electromagnético.-** El ambiente electromagnético está formado por las radiaciones no ionizantes, infrarrojas, ultravioletas y microondas.

  Las radiaciones no ionizantes están cada vez más presentes en los lugares de trabajo generados por aparatos electrónicos que usan o emiten radiaciones de dicha naturaleza (rayos laser, fuentes de luz de alta intensidad, hornos microondas, soldadura por arco, lámparas germicidas, fotocopiadoras, inspección por infrarrojos, túneles de secado, entre muchas otras); el efecto de estos sobre el ser humano produce diferentes efectos biológicos.

  El estudio del confort ambiental deberá incluir el análisis de las radiaciones en el ambiente de trabajo y controlar el tiempo de exposición a tales riesgos, implementando las medidas de control adecuadas.

Es recomendable tomar las siguientes medidas:

- Apantallamiento del foco productor.
- Utilización de pantallas y paredes anti reflexivas.
- Aumento de la distancia entre el foco producto y el trabajador.
- Reducción de los tiempo de exposición al riesgo.
- Protecciones de los ojos y la piel de las personas expuestas.

Ergonomía temporal.- Es la disciplina que estudia los tiempos de trabajo y analiza la fatiga física y mental, la relación entre fatiga y tiempos de descanso.

Ergonomía de Seguridad.- Es la disciplina que pretende conservar la integridad física del trabajador. Puede ser aplicada en distintas fases: ergonomía de diseño, ergonomía de corrección y ergonomía de protección.

Ergonomía de la comunicación.- Interviene directamente en el diseño de la comunicación entre los trabajadores y las maquinas (diseño y utilización de dibujos, textos, tableros visuales, displays, elementos de control, señalización de seguridad).

RIESGOS PSICOSOCIALES

La psicología es la ciencia que estudia la conducta humana, sus experiencias y de la adaptación del ser humano al medio que les rodea, permitiendo explicar el comportamiento de los seres humanos como también de sus posibles acciones futuras, logrando intervenir en ellas.

El trabajo favorece el desarrollo de las personas y asegura la subsistencia de los trabajadores y sus familias.

Características relevantes de la persona.

*   **Personalidad.-** Forma de ser de cada uno, rasgos que caracterizan a las personas, su historia personal, sus vivencias, comportamientos aprendidos, que influyen sobre el modo de actuar en la vida cotidiana.
*   **Formación.-** Conocimientos adquiridos relativos al trabajo que ha de realizar, ya sea en teoría o en práctica, estrategias, técnicas, dominio de la tarea.
*   **Capacidades.-** Grado de control sobre situaciones diversas, relacionadas o no con la tarea, habilidades personales.
*   **Apoyo social.-** Grado en que la persona cuenta con ayuda emocional de personas cercanas (familia, pareja, amigos, compañeros) o de la sociedad (reconocimiento social).
*   **Percepción.-** Proceso mental que utilizamos para organizar la información del entorno y que llegue a tener sentido.
*   **Motivación.-** Marca la pauta de la conducta del individuo cuando este quiere lograr un objetivo.

- **Edad.-** A mayor edad se tiene más recursos para afrontar situaciones estresantes en el trabajo, porque se tiene más experiencia.
- **Genero.-** Vulnerabilidad de la mujer a padecer en mayor medida los efectos de los riesgos psicosociales, debido a los aspectos fisiológicos.
- **Exigencias cognitivas.-** Intensidad y claridad de activación mental, concentración, atención, memoria, rapidez, que requiere una tarea para realizarla correctamente.
- **Carga.-** Cantidad de trabajo ya sea en unidades, usuarios, servicios o requerimientos de tiempo.
- **Clientes, usuarios.-** Tipos y características de los usuarios y clientes del trabajador, así como el tipo de relación que se establece con ellos.
- **Compañeros, superiores.-** Tipos y características de los compañeros y superiores, así como el tipo de relación que se establece con ellos.
- **Tareas monótonas y rutinarias.-** Repetición constante de secuencias muy cortas, de contenidos muy pobres que pueden llegar a producir fatiga mental y física.
- **Ritmo de trabajo.-** Puede ser impuesto si el trabajador no tiene posibilidad de autorregulación o libre si puede imponer su propio ritmo.

Características relevantes de la organización de trabajo:

- **Estructura jerárquica.-** el lugar que ocupa cada persona dentro de la organización, forma en que se haya distribuido el poder y la tarea de decisiones.

- **Estilo de mando.-** Democrático (decisiones se toman de forma justa), autoritario (suele crear tensión, competitividad y falta de motivación), paternalista (origina un buen clima pero una baja productividad).

- **Comunicación.-** Comunicación desde los más altos y bajos niveles de organización, favoreciendo las relaciones interpersonales.

- **Competencias.-** El trabajador debe conocer los objetivos y funciones de su puesto de trabajo.

- **Características del empleo.-** Salario, estabilidad laboral, tipo y duración de la jornada, turnos de trabajo.

- **Ambigüedad de rol.-** Hace referencia a la ambigüedad o conflictos que impiden al trabajador tomar decisiones claras y rápidas de que hacer.

- **Promoción del trabajo.-** La experiencia de ascender profesionalmente constituye un incentivo laboral y su importancia crece conforme aumenta la cualificación profesional de los trabajadores.

Mobbing.- Se refiere a la situación en la que una persona o grupo de personas dentro de un lugar de trabajo ejercen contra otro trabajador mediante un conjunto de comportamientos

76

caracterizados por una violencia psicológica extrema de forma sistemática.

Consecuencias del estrés laboral.- Cansancio, palpitaciones, dolor u opresión en el pecho, jaquecas, dolor de cabeza, impotencia sexual, enfermedades de la piel, trastornos digestivos, alteraciones menstruales, hipertensión, infarto al miocardio, insomnio, sueño excesivo.

El trabajo genera seguridad, estabilidad emocional, satisfacción, desarrollo de autoestima, superación personal y otras, pero en condiciones desfavorables pueden provocar malestar, y un rápido deterioro para la integridad física y mental de los trabajadores.

Factor de riesgo psicosocial es la interrelación entre el trabajo, el ambiente, las condiciones de organización por una parte, las capacidades del trabajador (necesidades, cultura, situación personal), que dependiendo de la percepción y experiencia personal puede influir en la salud, en el rendimiento y en la satisfacción en el trabajo provocando daños físicos, fisiológicos, sociales o psicológicos en los trabajadores.

Entre los factores intervienen aspectos como la organización del trabajo, rotación de turnos, jornada nocturna, nivel y tipo de remuneración, tipo de supervisión, autonomía o monotonía en las tareas, relaciones interpersonales, nivel de responsabilidad, acoso laboral, entre otras.

EVALUACION DE LAS CONDICIONES DE TRABAJO

Para garantizar un adecuado control de los riesgos a los que los trabajadores pueden verse expuestos, es necesario que tanto estos como el personal con mando tengan un claro conocimiento de los mismos y de los factores que los originan, ya sean materiales, ambientales, humanos y organizativos.

Existen muchos métodos de evaluación de riesgos laborales, el diseño y su finalidad va en función del tipo de riesgos a evaluar, del grado de conocimientos que se disponga de los mismos y de la profundidad que busca como alcance de la evaluación.

La utilización de uno u otro dependerá del objetivo del análisis, aunque lo más recomendable es empezar por sistemas tan simples como sea posible y de acuerdo a su necesidad ir ampliando mediante la utilización de metodologías mas complejas.

La siguiente metodología es una base para la iniciación a la evaluación de rlesgos, esta presentada principalmente para pequeñas y medianas empresas, por lo que no aplica para aquellas grandes empresas con un alto riesgo.

Por ello esta metodología se encamina en obviar la exhaustividad y precisión técnica buscando la simplificación e identificación de medidas preventivas básicas cuya implementación permitirá la eliminación de situación inadecuada y generadora de daños relacionados con el trabajo.

Es importante mencionar que toda metodología simplificada que busca resultados generales se encuentra guida a la búsqueda de soluciones a las deficiencias en los lugares de trabajo, inicialmente con una identificación que es la primera etapa de la evaluación de riesgos, (la más fundamental e importante durante el proceso) y dejando vía abierta a la utilización de métodos específicos de evaluación que permitan una mayor profundidad.

La implementación de medidas preventivas para el estudio de los riesgos a los que pueden estar expuestos los trabajadores en sus lugares de trabajo y para su respectivo control necesita ser realizada en dos etapas que son fundamentalmente en todo proceso preventivo:

- Identificación los factores que generan los riesgos
- Evaluación para conocer su verdadera importancia.

Debido a que solo se puede actuar frente a los riegos que se conocen, la identificación de riesgos no será suficiente sino que será prudente realizar un análisis que permita evaluar la magnitud de los riesgos para una adecuada prioridad de actuación y reducción de los mismos.

La tarea de evaluación de riesgos laborales en un entorno laboral no resulta siendo una situación sencilla de realizar, debido a la gran cantidad y variedad de agentes agresivos que puedan existir, es por ello la importancia de que sea realizado por personal técnico especializado para asegurar la calidad de la evaluación.

Los riesgos para la salud en el lugar de trabajo.- El sitio de trabajo no necesariamente tiene que ser dañino para la salud de los trabajadores, será inseguro cuando no se tomen acciones preventivas que minimicen los riesgos y sus efectos nocivos para la salud, con una buena prevención laboral es posible que los trabajadores estén seguros, laboren en un ambiente sano, exista una buena organización de trabajo y favorece al desarrollo humano y profesional.

Las condiciones desfavorables e inadecuadas en un lugar de trabajo pueden provocar daños a los trabajadores, daños a su salud, incidentes, accidentes de trabajo, baja autoestima, daños psicológicos, reducción en la producción y en el desempeño como también altos costos a causa de accidentes, en el peor de los casos la muerte de uno o varios trabajadores.

Los daños personales derivados de unas condiciones inadecuadas pueden clasificarse de la siguiente manera:

* Lesionares por accidente de trabajo.
* Enfermedades profesionales.
* Fatiga.
* Insatisfacción, estrés.
* Patologías, inespecíficas.

Los accidentes de trabajo son el resultado de una interacción indeseada entre el trabajador y una fuente de peligro que termina afectando principalmente a la integridad física del trabajador que con una correcta prevención puede ser evitable.

Los accidentes de trabajo se describen de manera sintetizada por la forma en que se producen (caídas, atrapamientos, ect) y por el agente material (instalación, maquina, equipo o elementos) que los genera.

Para que se dé la aparición de una enfermedad profesional interviene el nivel de concentración ambiental de un contaminante y del tiempo al cual estén expuestos los trabajadores en el lugar de trabajo, aunque las características personales de cada individuo pueden marcar una leve diferencia entre lo efectos dañinos a la salud.

La carga de trabajo es el resultado de una carga física o mental de trabajo, depende de las condiciones en las cuales se realiza la tarea y de la adecuación del mismo a las capacidades físicas e intelectuales del trabajador.

El mantenimiento prolongado de un estado de fatiga puede desembocar en alteraciones fisiológicas y psicologías graves para el trabajador.

Una inadecuada organización del trabajo, del deficiente contenido de la tarea, de las necesidades personales y de las expectativas del mismo pueden provocar insatisfacción laboral y estrés.

Pero también hay aspectos como la monotonía, la falta de autonomía, la poca participación, las malas relaciones personales, entre otras, pueden repercutir en alteraciones la salud mental y la parte psicológica del trabajador.

Formas más comunes de los riesgos laborales.-

RIESGOS EN LOS LUGARES DE TRABAJO. CODIGOS DE FORMA			
RIESGO DE ACCIDENTE		**RIESGOS DE ENFERMEDAD PROFESIONAL**	
010	CAIDA DE PERSONAS A DISTINTO NIVEL	310	EXPOSICION A CONTAMINANTES QUIMICOS
020	CAIDA DE PERSONAS AL MISMO NIVEL	320	EXPOSICION A CONTAMINANTES BIOLOGICOS
030	CAIDA DE OBJETOS POR DESPLOME O DERRUMBAMINETO	330	RUIDO
040	CAIDA DE OBJETOS EN MANIPULACION	340	VIBRACIONES
050	CAIDA DE OBJETOS DESPRENDIDOS	350	ESTRES TERMICO
060	PISADAS SOBRE OBJETOS	360	RADIACIONES IONIZANTES
070	CHOQUES CONTRA OBJETOS INMOVILES	370	RADIACIONES NO IONIZANTES
080	CHOQUES CONTRA OBJETOS MOVILES	380	ILUMINACION
090	GOLPES/CORTES POR OBJETOS O HERRAMIENTAS		
100	PROYECCION DE FRAGMENTOS O PARTICULAS	**FATIGA**	
110	ATRAPAMINETO POR O ENTRE OBJETOS	410	FISICA. POSICION
120	ATRAPAMINETO POR VUELCO DE MAQUINAS O VEHICULOS	420	FISICA. DESPLAZAMIENTO
130	SOBREESFUERZOS	430	FISICA. ESFUERZO
140	EXPOSICION A TEMPERATURAS AMBIENTALES EXTREMAS	440	FISICA. MANEJO DE CARGAS
150	CONTACTOS TERMICOS	450	MENTAL. RECEPCION DE LA INFORMACION
161	CONTACTOS ELECTRICOS DIRECTOS	460	MENTAL TRATAMIENTO DE LA INFORMACION
162	CONTACTOS ELECTRICOS INDIRECTOS	470	MENTAL. RESPUESTA
170	EXPOSICION A SUSTANCIAS NOSIVAS O TOXICAS	480	FATIGA CRONICA
180	CONTACTOS CON SUSTANCIAS CAUSTICAS Y/O CORRISIVAS		
190	EXPOSICION A RADIACIONES	**INSATISFACCION**	
200	EXPLOSIONES	510	CONTENIDO
211	INCENDIO. FACTORES DE INICIO.	520	MONOTONIA
212	INCENDIOS. PROPAGACION	530	ROLES
213	INCENDIO. MEDIOS DE LUCHA	540	AUTONOMIA
214	INCENDIOS. EVACUACION	550	COMUNICACIONES
220	ACCIDENTES CAUSADOS POR SERES VIVOS	560	RELACIONES
230	ATROPELLOS O GOLPES CON VEHICULOS	570	TIEMPO DE TRABAJO

Agentes materiales y riesgos asociados a los mismos.

RELACION DE AGENTES MATERIALES CONSIDERADOS Y RIESGOS QUE GENERAN.				
CONDICIONES DE SEGURIDAD	RIESGOS ACCIDENTE	RIESGO ENF. PROFESIONAL	FATIGA	INSATISFACCION
1. LUGARES DE TRABAJO	010, 020, 050			
2. MAQUINAS	080, 100, 110			
3. ELEVACION Y TRANSPORTE	010, 110, 120			
4. HERRAMIENTAS MANUALES	040, 100			
5. MANIPULACION DE OBJETOS	030, 070			
6. INSTALACION ELECTRICA	161, 162			
7. APARATOS DE PRESION Y GASES	200, 211			
8. INCENDIOS	211,214			
9. SUSTANCIAS QUIMICAS	170, 211			
CONDICIONES MEDIO AMBIENTALES				
10. CONTAMINANTES QUIMICOS		310		
11. CONTAMINANTES BIOLOGICOS	220	320		
12. VENTILACION Y CLIMATIZACION		310, 320		
13. RUIDO		330		
14. VIBRACIONES		340		
15. ILUMINACION		380		
16. CALOR Y FRIO	140	250		
17. RADIACIONES IONIZANTES	190	260		
18. RADIACIONES NO IONIZANTES	190	370		
CARGA DE TRABAJO				
19. CARGA FISICA	130		410, 420	
20. CARGA MENTAL			450, 460	
ORGANIZACIÓN DEL TRABAJO				
21. TRABAJO A TURNOS			480	570
22. FACTORES DE ORGANIZACIÓN				510, 550

La interrelación entre los riesgos y los factores que los generan es más amplia, así por ejemplo, el disconfort puede darse en gran diversidad de situaciones.

Aspectos básicos que se deben evaluar.- Para evitar que el trabajo tenga consecuencias negativas sobre la salud de los trabajadores, hay que aplicar una serie de medidas preventivas que controlen:

- Las condiciones de seguridad.
- Las condiciones medioambientales.
- La carga de trabajo.
- La organización del trabajo.

Este método de evaluación valora principalmente los cuatro campos de actuación preventiva anteriormente descritos, pero también permite definir hasta qué grado de prevención la organización se encuentra dispuesta y preparada para el desarrollo adecuado de un programa de trabajo en seguridad y salud ocupacional.

El papel que juegue la empresa sobre una cultura preventiva será básico para asegurar la efectividad durante la implementación de las medidas preventivas, su alcance a fin de asegurar, y mejorar las condiciones de seguridad y la salud de los trabajadores.

Los principios generales que debe implicar en el análisis de la gestión preventiva, de las condiciones de seguridad, el medio ambiente de trabajo y los aspectos relacionados con la organización de trabajo son:

• Reducción de riesgos laborales al máximo.
• Evaluar los riesgos que no se pueden evitar para tomar las medidas de prevención adecuadas.
• Combatir los riesgos en su origen.
• Adaptación del trabajador al puesto de trabajo.
• Sustituir lo peligroso por lo que entrañe poco o ningún riesgo.

Criterios de valoración.- La metodología de evaluación básicamente consiste en la recolección de datos usando cuestionarios de chequeo en forma de auditoría que permite facilitar la identificación y evaluación de riesgos en las pequeñas y medianas empresas, como también la mejora de las condiciones de trabajo en las organizaciones donde se implemente.

La primera parte de la metodología busca evaluar el modelo de gestión preventiva de la empresa, la segunda parte busca evaluar el grado de control de los distintos riesgos laborales que se encuentren presentes y deben ser aplicadas a todas las áreas que forman parte de un centro de trabajo.

La cantidad de cuestionarios que se apliquen dentro de la organización dependerán fundamentalmente del tamaño de la empresa, si esta es demasiado pequeña tal vez sea conveniente la aplicación una sola vez considerando que solo hubiera un área de trabajo.

En empresas un poco más grandes que cuentan con mas áreas de trabajo como ejemplo: área administrativa, bodega, área de talleres queda totalmente justificada la aplicación de los cuestionarios en cada área de trabajo.

Es necesario antes de aplicar los cuestionarios diferenciar las distintas áreas de trabajo existentes para posteriormente subdividir en áreas y hacer el análisis individualmente utilizando los cuestionarios que sean pertinentes para cada área.

INDICE DE CUESTIONARIOS APLICABLES POR AREA																			
AREAS	**CUESTIONARIO**																		
LUGARES DE TRABAJO																			
MAQUINAS																			
ELEVACION Y TRANSPORTE																			
HERRAMIENTAS MANUALES																			
MANIPULACION DE OBJETOS																			
INSTALACION ELECTRICA																			
APARATOS DE PRESION Y GASES																			
INCENDIOS																			
SUSTANCIAS QUIMICAS																			
CONTAMINANTES QUIMICOS																			
CONTAMINANTES BIOLOGICOS																			
VENTILACION Y CLIMATIZACION																			
RUIDO																			
VIBRACIONES																			
ILUMINACION																			
CALOR Y FRIO																			
RADIACIONES IONIZANTES																			
RADIACIONES NO IONIZANTES																			
CARGA FISICA																			
CARGA MENTAL																			
TRABAJO A TURNOS																			
FACTORES DE ORGANIZACIÓN																			

Los cuestionarios recogen aspectos referentes a medidas preventivas básicas que deberían existir para asegurar un correcto control de los posibles riesgos.

Los cuestionarios han sido redactados con doble opción de respuesta: la respuesta afirmativa, que se marcaria con una cruz en el recuadro SI, indicara que la medida preventiva si existe.

La respuesta negativa, que se marcaria en el recuadro NO, indicara que dicha medida preventiva no existe por lo tanto quiere decir que es una deficiencia para corregir.

Para visualizar la evaluación de cada área de trabajo es conveniente que el resultado de aplicar los distintos cuestionarios pueda presentarse de forma sencilla y resumida.

Para ello se ha preparado el siguiente formulario. No se han incluido los resultados del cuestionario "Gestión preventiva" por ser global de la empresa o centro de trabajo.

RESULTADOS DE LA EVALUACION								
AREA DE TRABAJO		FECHA			PROXIMA REVISION			
CUMPLIMENTADO POR:								
	OBJETIVA				SUBJETIVA			
CONDICIONES DE SEGURIDAD	C	M	D	MD	C	M	D	MD
LUGARES DE TRABAJO								
MAQUINAS								
ELEVACION Y TRANSPPORTE								
HARRAMIENTAS MANUALES								
MANIPULACION DE OBJETOS								
INSTALACION ELECTRICA								
APARATOS DE PRESION Y GASES								
INCENDIOS								
SUSTANCIAS QUIMICAS								
CONDICIONES MEDIO AMBIENTALES								
CONTAMINANTES QUIMICOS								
CONTAMINANTES BIOLOGICOS								
VENTILACION Y CLIMATIZACION								
RUIDO								
VIBRACIONES								
ILUMINACION								
CALOR Y FRIO								
RADIACIONES IONIZANTES								
RADIACIONES NO IONIZANTES								
CARGA DE TRABAJO								
CARGA FISICA								
CARGA MENTAL								
ORGANIZACIÓN DEL TRABAJO								
TRABAJO A TURNOS								
FACTORES DE ORGANIZACIÓN								
C = CORRECTO M = MEJORABLE			D = DEFICIENTE			MD = MUY DEFICIENTE		

CODIFICACION Y DEFICION DE RIESGOS.

010. Caídas al mismo nivel.- Caída que se produce en el mismo plano de sustentación. Caídas en lugares de tránsito o superficies de trabajo (inadecuadas características superficiales, desniveles, calzado inadecuado). Caída sobre o contra objetos (falta de orden y limpieza.

020. Caída a distinto nivel.- Caída a un plano inferior de sustentación, caídas desde alturas (edificios, ventanas, maquinas, arboles, vehículos ascensores). Caída en profundidades (puentes, excavaciones, agujeros).

030. Caída de objetos por desplome o derrumbamiento.- Caída de elementos por pérdida de estabilidad de la estructura a la que pertenecen. Caída de objetos por hundimiento, caída desde edificios, muros, ventanas, escaleras, montones de mercancías, desprendimiento de rocas, de tierra, ect.

040. Caída de objetos en manipulación.- Caída de objetos y materiales durante la ejecución de trabajos en operaciones de transporte por medios manuales o con ayudas mecánicas, caída de materiales sobre un trabajador, siempre que el accidentado sea la misma persona a la que se le haya caído el objeto en manipulación.

050. Caida de objetos desprendidos.- Caída de objetos diversos que no se estén manipulando y que se desprenden de su ubicación por razones varias. Caída de herramientas y materiales sobre un trabajador siempre que el accidentado no lo estuviese manejando.

060. Pisada sobre objetos.- Es la situación que se produce por tropezar o pisar sobre objetos abandonados o irregulares del suelo pero que no originan caídas aunque si lesiones.

070. Choque contra objetos inmóviles.- Encuentro violento de una persona o de una parte de su cuerpo con uno o varios objetos colocados de forma fija o en situación de reposo.

080. Choque contra objetos móviles.- Golpe ocasionado por elementos móviles de las maquinas e instalaciones, no se incluyen atrapamientos.

090. Golpes, cortes por objetos o herramientas.- Situación que puede producirse ante el contacto de alguna parte del cuerpo de los trabajadores con objetos cortantes, punzantes o abrasivos. No se incluyen los golpes por caída de objetos, golpes con un objeto o herramienta que es movido por una fuerza diferente a la gravedad.

100. Proyección de fragmentos o partículas.- Circunstancias que se puede manifestar en lesiones producidas por piezas, fragmentos o pequeñas partículas de material, proyectadas por una maquina, herramienta o materia prima a conformar. Excluye los producidos por fluidos biológicos.

110. Atrapamiento por o entre objetos.- Situaciones que se producen cuando una persona o parte de su cuerpo es enganchada o aprisionada por mecanismos de las maquinas o entre objetos, piezas o materiales.

120. Atrapamiento por vuelco de maquinas o vehículos.- Es la situación que se produce cuando un operario o parte de su cuerpo es aprisionado contra las partes de las maquinas o vehículos que debido a condiciones inseguras han perdido su estabilidad.

130. Sobreesfuerzos.

130.1. Sobreesfuerzos por manipulación de cargas.- Manipulación, transporte, elevación, empuje o tracción de cargas, carros, cajas, ect, que puedan producir lesiones.

130.2. Sobreesfuerzos por movilización de personas con movilidad reducida.- Posturas inadecuadas o movimientos repetitivos o vibraciones mecánicas que puedan producir lesiones musculo esqueléticas agudas o crónicas. Excluye las lesiones producidas por manipulación de cargas, incluidas en otros apartados.

130.3. Sobreesfuerzos por otras causas.- Posturas inadecuadas o movimientos repetitivos o vibraciones mecánicas que puedan producir lesiones musculo esqueléticas agudas o crónicas. Excluye las lesiones producidas por manipulación de cargas, incluidas en otros apartados.

140. Exposición a temperaturas ambientales extremas.- Permanencia en un ambiente con calor o frio excesivo.

150. Contactos térmicos.

150.1. Contactos térmicos por calor.- Acción o efecto de tocar superficies o productos calientes.

150.2. Contactos térmicos por frio.- Acción o efecto de tocar superficies o productos fríos.

161. Contactos eléctricos directos.

161.1. Contactos eléctricos directos de baja tensión.- Es todo contacto de las personas directamente con partes activas en tensión (trabajando con tensiones < 1000 voltios).

161.2. Contactos eléctricos directos de alta tensión.- Es todo contacto de las personas directamente con partes activas en tensión (trabajando con tensiones > 1000 voltios).

162. Contactos eléctricos indirectos.

162.1. Contactos eléctricos indirectos de baja tensión.- Es todo contacto de las personas con masas puestas accidentalmente en tensión (trabajando con tensiones < 1000 voltios).

162.2. Contactos eléctricos indirectos de alta tensión.- Es todo contacto de las personas con masas puestas accidentalmente en tensión (trabajando con tensiones > 1000 voltios).

170. Exposición a sustancias nocivas o toxicas.

170.1. Inhalación o ingestión accidental de sustancias nocivas.- Efectos agudos producidos por exposición ambiental accidental o por ingestión de substancias o productos, lesiones neurológicas, respiratorias (asma, hiperactividad bronquial, etc.) incluye las asfixias y ahogamientos.

170.2. Otras formas de exposición accidental.- Otros tipos de exposición no incluidas en el apartado anterior.

180. Contacto con sustancias causticas o corrosivas.-

180.1. Contacto con sustancias nocivas que puedan producir dermatosis.- Acción o efecto de tocar sustancias o productos que puedan producir dermatitis por abrasión química o física (uso frecuente de jabones o detergentes) de tipo alérgico.

180.2. Contacto con sustancias nocivas que puedan producir otro tipo de lesiones externas distintas a la dermatosis.- Acción y efecto de tocar sustancias o productos que puedan producir lesiones externas en la piel distintas a la dermatosis.

190. Exposición a radiaciones.- Altas dosis, entendiendo dicha exposición como accidente.

200. Explosiones.

200.1. Explosiones químicas.- Liberación brusca de gran cantidad de energía que produce un incremento violento y rápido de la presión, con desprendimiento de calor, luz y gases, teniendo su origen en transformaciones químicas.

200.2. Explosiones físicas.- Liberación brusca de gran cantidad de energía que produce un incremento violento y rápido de la presión, con desprendimiento de calor, luz y gases, teniendo su origen en transformaciones físicas.

211. Incendio. Factores de inicio.- Es el conjunto de condiciones, materiales combustibles, comburentes y fuentes de ignición, cuya conjunción en un momento determinado puede dar lugar a un incendio.

212. Incendio. Propagación.- Condiciones que favorecen el aumento y la extensión del incendio.

213. Incendio. Medios de lucha y señalización.- Son aquellos medios materiales con los que es posible atacar un incendio, hasta su completa extinción o la llegada de ayudas exteriores.

214. Incendio. Evacuación.- Es la salida ordenada de todo el personal del centro y su concentración en un punto predeterminado considerado como seguro.

220. Accidentes causados por seres vivos.

220.1. Accidentes causados por personas.- Son los producidos a las personas, por la acción de otras personas, agresiones, patadas, mordiscos.

220.2. Accidentes causados por animales.- Son los producidos a las personas por la acción de animales, arañazos, mordeduras.

230. Atropellos o golpes con vehículos.

230.1. Atropellos o golpes con vehículos.- Son los producidos por vehículos en movimiento, empleados en las distintas fases de los procesos realizados por la empresa.

230.2. Accidentes de tránsito.- Los ocurridos dentro del horario laboral, independientemente de que esté relacionado con el trabajo habitual o no.

310. Exposición a agentes químicos. El riesgo vendrá dado por la concentración de la sustancia en el ambiente de trabajo y por el tiempo de exposición o dosis.

310.1. Vapores y gases.- Los vapores orgánicos son una dispersión en aire de moléculas de una sustancia que es liquida o solida en su estado normal, a temperatura y presión estándar, la principal vía de entrada es la vía respiratoria aunque también tiene importancia la vía dérmica, sobre todo en aquellos vapores que son de naturaleza orgánica. Los gases son un estado de agregación de la materia que se caracteriza por su baja densidad y viscosidad, estas sustancias se presentan como tales a temperatura y presión ambientales.

310.2. Aerosoles.- Dispersión de partículas solidas o liquida de tamaño inferior a 100 micras, en medio gaseosos. Polvos, fibras, nieblas, humos, citostáticos.

310.3. Metales.- Sólidos cristalinos, con brillo, buenos conductores de electricidad y que presentan en general una alta reactividad química. Polvo, humo metálico

320. Exposición a agentes biológicos.- Exposición a microorganismos, con inclusión de los genéticamente modificados, cultivos celulares y endoparásitos humanos, susceptibles de originar cualquier tipo de infección, alergia o toxicidad.

320.1. Agentes biológicos, transmisión por sangre o fluidos.- Lesiones producidas por pinchazos con agujas, objetos punzantes, cortes, salpicaduras, ingestión, etc., que puedan producir inoculación de agentes biológicos (transmisión por sangre y fluidos).

320.2. Agentes biológicos, transmisión aérea, contacto o hídrica.- Enfermedades infecciosas y parasitarias agudas y crónicas producidas por agentes biológicos (virus, bacterias, parásitos, etc.) de transmisión aérea, por gotas, por contacto o hídrica. Excluye las producidas por transmisión sanguínea.

330. Ruido.

330.1. Exposición a ruido, riesgo de hipoacusia.- Riesgo higiénico, presencia de niveles de ruido elevados, que pueden alterar el órgano de la audición, nivele superior a los criterios aceptables respecto a la norma.

330.2. Disconfort acústico.- Disconfort acústico, todo sonido no grato que puede interferir o impedir alguna actividad humana, nivel inferior a los criterios aceptables respecto a la norma.

340. Vibraciones.- Oscilación de partículas alrededor de un punto, en un medio físico cualquiera.

340.1. Vibraciones cuerpo completo.- Los efectos de la misma deben entenderse como consecuencia de una transferencia de energía al cuerpo humano, que actúa como receptor de energía mecánica, en este caso el sistema afectado es el cuerpo humano.

340.2. Vibraciones mano-brazo.- Los efectos de la misma deben entenderse como consecuencia de una transferencia de energía al cuerpo humano, que actúa como receptor de energía mecánica, parte de cuerpo afectada mano-brazo.

350. Estrés térmico.

350.1.- Frio. Exposición a temperaturas extremas.- Permanencia en un ambiente con frio excesivo (condiciones termohigrométricas fuera del rango establecido en el RD 486/97). Para la evaluación de riesgo de estrés térmico hay que tener en cuenta además las condiciones ambientales, la actividad realizada y la ropa que se lleve (trabajo con cámaras frigoríficas o en el exterior).

350.2. Calor. Exposición a temperaturas extremas.- Permanencia en un ambiente con calor excesivo (condiciones termohigrométricas fuera del rango establecido en el RD 486/97). Para la evaluación del riesgo de estrés térmico hay que tener en cuenta las condiciones ambientales, la actividad realizada y la ropa que se lleve (zona de clima caluroso, verano) radiación térmica elevada, altos niveles de humedad, en lugares donde se realiza una actividad intensa o donde es necesario llevar prendas de protección que impiden la evaporación del sudor.

350.3. Disconfort térmico.- Permanencia en condiciones ambientales (condiciones termohigrométricas dentro del rango establecido en el RD 486/97) que pueden originar molestias o incomodidades que afectan al bienestar del trabajador, a la ejecución de las tareas y al rendimiento laboral, sin suponer un riesgo higiénico.

360. Exposición a radiaciones ionizantes.- Estar en presencia de cualquier radiación electromagnética, capaz de producir ionización de manera directa o indirecta, en su paso a través de la materia (energía o sustancias químicas generadoras de partículas radiactivas).

370. Exposición a radiaciones no ionizantes.- Estar en presencia de cualquier radiación electromagnética incapaz de producir ionización de materia directa o indirecta en su paso a través de la materia.

380. Iluminación.- Toda radiación electromagnética emitida o reflejada, por cualquier cuerpo, cuyas longitudes de onda estén comprendidas entre 380 nm y 780 nm y susceptibles de ser percibidas como luz. Desajustes entre las diferentes tareas a desarrollar en los distintos puestos de trabajo y exigencias de los niveles de iluminación establecidas en el RD 486/97.

410. Carga física. Posición.- Es el resultado del conjunto de requerimientos físicos a los que se ve sometido el trabajador a lo largo de la jornada de trabajo, cuando se ve obligado a adoptar una determinada postura singular o esfuerzo muscular de posición inadecuada o o mantenerlo durante un periodo de tiempo excesivo.

420. Carga física. Desplazamiento.- Condiciones que afecta físicamente al organismo y que es producida por los esfuerzos musculares dinámicos que el trabajador realiza, debido a las exigencias de movimiento o tránsitos sin carga, durante la jornada de trabajo.

430. Carga física. Esfuerzo.- Es el resultado del conjunto de requerimientos físicos a los que se ve sometido el trabajador a lo largo de su jornada de trabajo, cuando se ve obligado a ejercer un esfuerzo muscular dinámico o esfuerzo muscular estático excesivo, unidos en la mayoría de los casos a posturas forzadas de los segmentos corporales, frecuencia de movimientos fuera de límites, etc.

440.1. Carga física. Movimientos repetitivos.- Es el resultado del conjunto de requerimientos físicos a los que se ve sometido el trabajador a lo largo de la jornada de trabajo, cuando se ve obligado a realizar movimientos repetitivos, siendo la duración del ciclo de trabajo menor de 30 segundos o cuando se dedica más del 50% del ciclo a la ejecución de la misma acción.

440.2. Fatiga física. Manejo de cargas.- Es aquella situación de merma física, producida por un sistema de esfuerzos musculares dinámicos o estáticos, ejercidos para la alimentación o la evacuación de piezas del lugar de almacenamiento al plano de trabajo, o viceversa o para su transporte.

440.3. Fatiga física. Movilización de personas con movilidad reducida.- Es aquella situación de merma física, producida por un sistema de esfuerzos musculares dinámicos o estáticos, ejercidos para la movilización de personas con movilidad reducida.

450. 460. 470. Fatiga Mental recepción de información; Tratamiento de la información; Respuesta.- La carga mental es la cantidad de esfuerzo mental deliberado que se debe realizar para conseguir un resultado concreto, este proceso exige un estado de atención y de la capacidad de estar alerta, y de concentración. En el estudio de la carga mental deben considerarse la cantidad, complejidad de la información que debe tratarse, el tiempo o ritmo de trabajo y la posibilidad de hacer pausas; y aspectos individuales del trabajador.

480. Fatiga mental. Crónica.- Es la situación de desequilibrio entre las demandas de la tarea y la capacidad de respuesta de la persona.

490. Fatiga. Visual.- Alteración funcional de carácter reversible en su inicio debida a solicitaciones excesivas sobre los músculos oculares y de la retina, a fin de obtener una focalización fija de la imagen sobre la retina.

510. Insatisfacción. Contenido.- Importancia y motivación del trabajo que percibe el trabajador, condicionado por la variedad de capacidades requeridas, importancia de tareas, etc.

520. Insatisfacción. Monotonía.- Carácter repetitivo y simple de las tareas realizadas por el trabajador que le causan desmotivación y desinterés.

530. Insatisfacción. Roles.- Conflicto provocado por el trabajador por la ambigüedad en su cometido laboral o por desacuerdo entre sus valores y creencias personales, y las demandas del trabajo.

540. Insatisfacción. Autonomía.- Capacidad del trabajador para gestionar su tiempo de trabajo y descanso, y el orden de ejecución de las tareas.

550. Insatisfacción. Comunicaciones.- Posibilidad de intercambiar información y aportar ideas dentro de una organización laboral, tanto a nivel horizontal como vertical.

560. Insatisfacción. Relaciones interpersonales.- Calidad y fluidez de las relaciones personales y del clima laboral.

570. Insatisfacción. Tiempo de trabajo.- Exigencias en los tiempos asignados a las tareas, recuperación de retrasos y tiempos de trabajo con rapidez.

www.ingramcontent.com/pod-product-compliance
Lightning Source LLC
Chambersburg PA
CBHW080647190526
45169CB00016B/2305